国家骨干高职院校重点专业建设项目成果
焊接技术及自动化专业

焊接方法与设备

主　编　凌人蛟
副主编　陈　晖
参　编　王滨滨
　　　　李宜男
主　审　王长文
　　　　范永滨

机械工业出版社

本书是基于传统的"焊接方法与设备"课程改革的需要,从现代高职人才培养目标出发,结合焊接专业的技术岗位特点,以典型焊接接头的工作过程组织教学内容,在总结课程改革成果的基础上编写的符合现代高职培养目标的特色教材。

全书以典型焊接接头为载体,共设两个学习情境:压力容器的焊接和汽车的焊接;共八个工作任务:法兰盘与 $\phi400mm$ 接管的焊条电弧焊,6mm 厚空气储罐筒体纵缝 CO_2 气体保护焊,$\phi60mm$ 压力容器接管对接 TIG 焊,16mm 厚压力容器筒体钢板的气割,16mm 厚压力容器筒体环缝埋弧焊,1.5mm 厚汽车排气管等离子弧焊,1mm 厚汽车车身的点焊,0.7mm 厚汽车外侧门板钎焊。在教学内容中融入了国家及行业标准、国际焊接技师(IWS)标准,使学生更能贴近生产的实际,养成遵照标准的职业素养,掌握常用典型焊接接头的焊接工艺及其基本技能,以满足"双元培养,国际认证"的培养目标,让学生在获得学历的同时,既获得国家焊工证书,也获得国际焊接技师的资质证书。

本书为高职高专焊接技术及自动化专业教材,也可作为成人教育和继续教育的教材,同时也可供其他相关专业的师生和工程技术人员参考。

本书配套有电子课件,凡选用本书作为教材的教师可登录机械工业出版社教育服务网 www.cmpedu.com,注册后免费下载。咨询邮箱:cmp-gaozhi@sina.com。咨询电话:010-88379375。

图书在版编目(CIP)数据

焊接方法与设备/凌人蛟主编. —北京:机械工业出版社,2015.9
国家骨干高职院校重点专业建设项目成果. 焊接技术及自动化专业
ISBN 978-7-111-51673-6

Ⅰ.①焊… Ⅱ.①凌… Ⅲ.①焊接工艺—高等职业教育—教材②焊接设备—高等职业教育—教材 Ⅳ.①TG4

中国版本图书馆 CIP 数据核字(2015)第 224896 号

机械工业出版社(北京市百万庄大街22号 邮政编码100037)
策划编辑:于奇慧 责任编辑:于奇慧
责任校对:刘 岚 封面设计:鞠 杨
责任印制:常天培
唐山三艺印务有限公司印刷
2017 年 3 月第 1 版第 1 次印刷
184mm×260mm·10.75 印张·259 千字
0001—1500 册
标准书号:ISBN 978-7-111-51673-6
定价:28.00 元

凡购本书,如有缺页、倒页、脱页,由本社发行部调换

电话服务   网络服务
服务咨询热线:010-88379833   机工官网:www.cmpbook.com
读者购书热线:010-88379649   机工官博:weibo.com/cmp1952
                                  教育服务网:www.cmpedu.com
封面无防伪标均为盗版   金书网:www.golden-book.com

哈尔滨职业技术学院焊接技术及自动化专业
教材编审委员会

编 写 说 明

　　教材是体现教学内容和教学要求的知识载体，是进行教学的基本工具，是提高教学质量的重要保证。为落实教育部《关于全面提高高等职业教育教学质量的若干意见》（教高〔2006〕16号）的精神，加强教材建设，确保高质量教材进课堂，针对高等职业院校焊接专业教学改革的需要，编写了本系列教材。本系列教材的编写结合高等职业教育的特点，以提高实际教学效果为出发点，突出职业技能的培养，突出职业素养的形成，突出就业能力的提升。

　　本系列教材的创新之处是以"国际焊接技师"培养为主线、以工作过程为导向、突出工学结合的特色，强调可读性和可操作性。专业教学改革采用项目引领的教学模式，依照IWS国际焊接技师工作内容要求，选择典型的焊接构件为载体设置工作任务，并按照工作过程的六个步骤（资讯、计划、决策、实施、检查和评价）组织情境教学，开发以工作过程为导向的核心课程。情境学习可在"教、学、做"一体化实训室中进行，老师既要指导学生完成工作任务，又要操作示范；每个工作任务均需"做中学、学中做"；每个工作任务的要求与企业产品生产要求相一致，学生以企业具体工作岗位的员工身份完成工作任务，并进行考核评价。

　　本系列教材具有以下特点：第一，注重在理论知识、素质、能力、技能等方面对学生进行全面培养，以培养国际焊接技师为目标；第二，注重吸取现有相关教材的优点，充实新知识、新工艺、新技术等内容，简化过多的理论介绍，开门见山介绍核心内容；第三，突出职业技术教育特色，理论联系实际，加强学生实践技能和综合应用能力的培养；第四，通过教学活动培养学生的工程意识、经济意识、管理意识和环保意识；第五，文字叙述精练，通俗易懂，总结归纳提纲挈领；第六，在编写过程中贯穿国际焊接技师培养所需的最新标准，注重时效性。

　　本系列教材在编写过程中得到了黑龙江省高职高专焊接专业教学指导委员会的大力支持，许多专家提出了宝贵的意见。机械工业哈尔滨焊接技术培训中心的培训教师及专家参与了本系列教材的编写工作，并提出许多合理的修改意见。编写过程中，我们还采纳了生产企业工程技术人员的建议，将新技术、新工艺添加到教材中，使教材更加贴近生产实际，更加实用，在此一并表示感谢。

　　本系列教材展示了本专业教改课程的开发成果，希望全国高职院校能够有所借鉴和启发，为更好地推进国家骨干高职院校建设及课程改革做出我们的贡献！

哈尔滨职业技术学院焊接技术及自动化专业教材编审委员会

前　言

近年来，随着高职教育的快速发展，高等职业教育教学改革的不断深入，高职教育的课程改革也在不断深入进行，并积累了一定的经验，取得了一定的成果。各高职院校的一线教育工作者一直在不断探索适应高职课程改革的新型教材。依据教育部《高等职业学校专业教学标准（制造大类）》，基于传统的"焊接方法与设备"课程改革的需要，为培养学生职业能力和创新思维，编者结合课程改革成果，在总结高职教育教学经验的基础上，融入了国家及行业标准、国际焊接技师标准，以"双元培养，国际认证"为培养目标编写了这本具有鲜明高职教育特色的教材。

本教材的特色是：

1. 以工作过程为导向，采用任务驱动的模式

在编写模式上，按照典型焊接接头的生产创设学习情境，设置工作任务。融"教、学、做"为一体，每个工作任务都按照"资讯、计划、决策、实施、检查、评价"六步法编写，使学生系统地掌握各种常用焊接方法的工艺及基本技能，使学生成为能用理论知识指导实践、具有良好的职业道德、熟悉典型焊接工艺的实用型技术人才。

2. 以典型焊接接头作为载体组织教学内容

以典型焊接接头为载体，将专业知识的内容按照典型焊接接头的生产过程展开，将常用的典型焊接接头分为两大类，对应于创设的学习情境；并按照焊接技术及自动化专业的职业岗位，设置具体的工作任务，使本教材更加贴近生产实际，具有鲜明的职业教育特色。学习情境内容如下：

学习情境1：压力容器的焊接。主要完成的工作任务为法兰盘与 $\phi400mm$ 接管的焊条电弧焊，6mm 厚空气储罐筒体纵缝 CO_2 气体保护焊，$\phi60mm$ 压力容器接管对接 TIG 焊，16mm 厚压力容器筒体钢板的气割，16mm 厚压力容器筒体环缝埋弧焊。

学习情境2：汽车的焊接。主要完成的工作任务为 1.5mm 汽车排气管等离子弧焊，1mm 厚汽车车身的点焊，0.7mm 汽车外侧门板钎焊。

3. 融入国际焊接技师标准

本教材融入了最新的国家及行业标准、国际焊接技师（IWS）标准，体现了焊接行业国内外的最新技术及发展，有利于培养职业教育的国际人才，有助于提高学生获得国际焊接技师（IWS）资质的比率。

4. 教材编写团队具有国际焊接工程师资质

本教材编写团队学术水平较高，其中 3 人具有国际焊接工程师资质，2 人为行业企业专家，1 人为国家职业教育专家。

5. 构建过程考核和多元评价体系

课程考核贯穿于所有的工作任务，学生完成工作的每一步表现都计入考核范围，这样能综合反映学生的整体学习情况。评价以多元评价为主，采用教师评价、企业专家评价、学生互评、过程评价等多种方式。

本教材建议学时为100学时，具体学时分配可以参考每个学习任务的任务单。本课程的教学建议在教、学、做一体化实训基地进行，实训基地中应具有教学区、工作区和资料区，应能满足学生自主学习和完成工作任务的需要。

　　本教材由哈尔滨职业技术学院凌人蛟任主编，东北林业大学陈晖任副主编，哈尔滨职业技术学院王长文教授、哈尔滨建成集团有限公司范永滨高级工程师任主审，哈尔滨职业技术学院王滨滨、哈尔滨锅炉厂有限责任公司李宜男参与编写。具体编写分工如下：凌人蛟编写任务1.1、任务2.1~任务2.3，陈晖编写任务1.3，王滨滨编写任务1.2、任务1.5，李宜男编写任务1.4。

　　在本教材编写过程中，编者与有关企业进行合作，得到了企业专家和专业技术人员的大力支持，机械工业哈尔滨焊接技术培训中心徐林刚、哈尔滨锅炉压力容器研究院阎明杰、哈尔滨锅炉厂有限责任公司刘立民等专家提出了许多宝贵意见和建议，同时哈尔滨职业技术学院焊接技术及自动化教研室的同仁给予了大力的支持与帮助，在此特向上述人员表示衷心的感谢。

　　由于编者水平所限，书中不妥之处在所难免，恳请广大读者提出宝贵意见，我们将及时调整和改进，并表示诚挚的感谢！

编　者

目　　录

编写说明

前言

学习情境 1　压力容器的焊接 ··· 1

　任务 1.1　法兰盘与 ϕ400mm 接管的焊条电弧焊 ··································· 3

　　1.1.1　焊接电弧简介 ··· 5

　　1.1.2　焊条电弧焊的原理及特点 ·· 16

　　1.1.3　焊条电弧焊设备及工具 ··· 17

　　1.1.4　焊条电弧焊工艺 ··· 20

　任务 1.2　6mm 厚空气储罐筒体纵缝 CO_2 气体保护焊 ······················· 32

　　1.2.1　CO_2 气体保护焊的原理及特点 ·· 34

　　1.2.2　CO_2 焊设备 ··· 35

　　1.2.3　CO_2 焊的冶金特性和焊接材料 ··· 39

　　1.2.4　CO_2 焊工艺 ··· 42

　任务 1.3　ϕ60mm 压力容器接管对接 TIG 焊 ································· 52

　　1.3.1　TIG 焊的原理、特点及应用 ·· 54

　　1.3.2　TIG 焊的电流和极性 ·· 55

　　1.3.3　TIG 焊设备 ·· 58

　　1.3.4　TIG 焊工艺 ··· 61

　任务 1.4　16mm 厚压力容器筒体钢板的气割 ································· 69

　　1.4.1　气焊和气割的原理及特点 ·· 71

　　1.4.2　气焊和气割设备 ··· 72

　　1.4.3　气焊和气割设备的使用安全 ·· 75

　　1.4.4　氧乙炔焰 ··· 77

　　1.4.5　气焊和气割工艺 ··· 78

　任务 1.5　16mm 厚压力容器筒体环缝埋弧焊 ································· 86

　　1.5.1　埋弧焊的原理及特点 ·· 88

　　1.5.2　埋弧焊的焊接材料与冶金特性 ·· 89

　　1.5.3　埋弧焊设备 ·· 92

　　1.5.4　埋弧焊工艺 ··· 100

学习情境 2　汽车的焊接 ·· 112

　任务 2.1　1.5mm 厚汽车排气管等离子弧焊 ································· 114

　　2.1.1　等离子弧的形成 ··· 116

　　2.1.2　等离子弧的特点 ··· 117

　　2.1.3　等离子弧的种类 ··· 118

2.1.4　等离子弧的双弧 ……………………………………………… 119

2.1.5　等离子弧焊 …………………………………………………… 120

2.1.6　等离子弧切割 ………………………………………………… 124

任务 2.2　1mm 厚汽车车身的点焊 ……………………………………… 133

2.2.1　电阻焊的基本原理及影响产热的因素 …………………… 135

2.2.2　电阻焊的分类、特点及应用 ……………………………… 137

2.2.3　点焊接头的形成及设计 …………………………………… 138

2.2.4　点焊方法及设备 …………………………………………… 139

2.2.5　点焊工艺 …………………………………………………… 142

任务 2.3　0.7mm 厚汽车外侧门板钎焊 ………………………………… 149

2.3.1　钎焊的基本原理 …………………………………………… 151

2.3.2　钎焊的分类及特点 ………………………………………… 152

2.3.3　钎焊材料 …………………………………………………… 153

2.3.4　钎焊工艺 …………………………………………………… 155

参考文献 ……………………………………………………………………… 164

学习情境 1

压力容器的焊接

【工作目标】

通过本情境的学习可以使学生具有以下的能力和水平：

1）根据压力容器不同典型焊缝的质量要求，依据标准编制焊接方案的能力。
2）按照焊接方案实施焊接的能力。
3）根据压力容器不同板材的质量要求，依据标准编制切割方案的能力。
4）按照切割方案实施切割的能力。
5）利用现代化手段对信息进行收集和整理的能力。
6）良好的表达能力和较强的沟通与团队合作能力。

【工作任务】

1）分析压力容器各个部件不同焊缝的使用要求。
2）根据压力容器各个部件不同焊缝的使用要求选择合适的板材、焊接方法和工艺以及切割方法和工艺。
3）编制不同焊缝的焊接方案和板材切割方案。
4）完成压力容器板材的切割工作。
5）完成压力容器各个部件不同焊缝的焊接工作。

【情境导入】

压力容器是指最高工作压力 $p \geqslant 0.1$ MPa，容积大于或等于 25L，工作介质为气体、液化气体或最高工作温度高于或等于标准沸点的液体的容器，如图 1-1 所示。

压力容器最常用的焊接方法有三种：①焊条电弧焊；②埋弧焊；③气体保护焊。压力容器的焊接接头分成四类，目的是在设计、制造、维修、管理时可以分别对待，从而保证质量。

1. A 类焊接接头

圆筒部分（包括接管）和锥壳部分的纵向接头（多层包扎容器层板层纵向接头除外），

球形封头与圆筒连接的环向接头，各类凸形封头和平封头中的所有拼焊接头以及嵌入式接管或凸缘与壳体对接连接的接头，均属 A 类焊接接头。A 类焊接接头是容器中受力最大的接头，因此一般要求采用双面焊或保证全焊透的单面焊。

图 1-1　压力容器

2. B 类焊接接头

壳体部分的环向接头，锥形封头小端与接管连接的接头，长颈法兰与壳体或接管连接的接头，平盖或管板与圆筒对接连接的接头以及接管间的对接环向接头，均属 B 类焊接接头，但已规定为 A 类的焊接接头除外。B 类焊接接头的工作应力一般为 A 类的一半，除了可采用双面焊的对接焊缝连接以外，也可采用带衬垫的单面焊。

3. C 类焊接接头

球冠形封头、平盖、管板与圆筒非对接连接的接头，法兰与壳体或接管连接的接头，内封头与圆筒的搭接接头以及多层包扎容器层板层纵向接头，均属 C 类焊接接头，但已规定为 A、B 类的焊接接头除外。在中低压容器中，C 类接头的受力较小，通常采用角焊缝连接。对于高压容器、盛有剧毒介质的容器和低温容器，应采用全焊透的接头。

4. D 类焊接接头

接管（包括人孔圆筒）、凸缘、补强圈等与壳体连接的接头，均属 D 类焊接接头，但已规定为 A、B、C 类的焊接接头除外。D 类接头焊缝是接管与容器的交叉焊缝，受力条件较差，且存在较高的应力集中。在厚壁容器中这种焊缝的拘束度相当大，残余应力也较大，易产生裂纹等缺陷，因此在这种容器中 D 类焊缝应采用全焊透的焊接接头。对于低压容器，可采用局部焊透的单面或双面角焊。

任务 1.1　法兰盘与 ϕ400mm 接管的焊条电弧焊

任 务 单

学习领域	焊接方法与设备		
学习情境 1	压力容器的焊接	学时	64 学时
任务 1.1	法兰盘与 ϕ400mm 接管的焊条电弧焊	学时	20 学时
布置任务			
工作目标	收集整理各种压力容器的典型工艺，分析法兰盘与接管的使用要求及技术要求，编制焊接工艺方案，完成焊接工作。		
任务描述	收集整理各种压力容器的典型工艺，总结法兰盘与接管的焊接工艺特点和主要焊接过程；分析法兰盘与接管的使用要求、技术要求及结构特点，确定实施的焊接方法，选择合理的焊接材料、焊接设备及工具，选择合理的接头形式，确定合理的焊接参数；根据分析结果编写焊接方案；依据方案完成焊接工作。		
任务分析	各小组对任务进行分析、讨论： 1）收集整理各种压力容器的典型工艺。 2）分析法兰盘与接管的使用要求、技术要求及结构特点。 3）确定实施的焊接方法，选择合理的焊接材料、焊接设备及工具，选择合理的接头形式，确定合理的焊接参数。 4）编制法兰盘与 ϕ400mm 接管的焊条电弧焊焊接方案并焊接。		
学时安排	资讯 4 学时　计划 2 学时　决策 2 学时　实施 8 学时　检查 2 学时　评价 2 学时		
提供资料	1）国际焊接工程师培训教程，2013。 2）焊接方法与设备，雷世明，机械工业出版社。 3）电焊工工艺与操作技术，周岐，机械工业出版社。 4）焊接方法与设备，陈淑惠，高等教育出版社。		
对学生的要求	1）能对任务书进行分析，能正确理解和描述目标要求。 2）具有独立思考、善于提问的学习习惯。 3）具有查询资料和市场调研能力，具备严谨求实和开拓创新的学习态度。 4）能执行企业"5S"质量管理体系要求，具有良好的职业意识和社会能力。 5）具备一定的观察理解和判断分析能力。 6）具有团队协作、爱岗敬业的精神。 7）具有一定的创新思维和勇于创新的精神。		

学习领域		焊接方法与设备			
学习情境 1		压力容器的焊接		学时	64 学时
任务 1.1		法兰盘与 ϕ400mm 接管的焊条电弧焊		学时	20 学时
资讯方式		实物、参考资料			
资讯问题		1）电弧产生的原理以及电弧区带电粒子的特点是什么？ 2）电弧焊中熔滴的作用力有哪些特点和作用？ 3）电弧焊产生的焊接缺陷及其特点是什么？ 4）简述焊条电弧焊的原理。 5）焊条电弧焊的特点有哪些？ 6）焊条电弧焊的设备及工具有哪些？ 7）焊条电弧焊的工艺包括哪几部分？ 8）焊条电弧焊的基本操作技术有哪些？ 9）压力容器上法兰盘与接管的焊接工艺有什么特点？			
资讯引导		问题 1 可参考信息单 1.1.1。 问题 2 可参考信息单 1.1.1。 问题 3 可参考信息单 1.1.1。 问题 4 可参考信息单 1.1.2。 问题 5 可参考信息单 1.1.2。 问题 6 可参考信息单 1.1.3。 问题 7 可参考信息单 1.1.4。 问题 8 可参考信息单 1.1.4 和焊条电弧焊的操作视频。 问题 9 可参考压力容器焊接工艺文件。			

资 讯 单

信 息 单

1.1.1 焊接电弧简介

1. 焊接电弧的产生

由焊接电源供给的，具有一定电压的两电极间或电极与母材间，在气体介质中产生的强烈而持久的放电现象，称为焊接电弧。图1-2所示为焊条电弧焊电弧示意图。

焊接电弧是一种特殊的气体放电现象，它与日常所见的气体放电现象（如电源拉合闸时产生的火花）的区别在于：焊接电弧能连续持久地产生强烈的光和大量的热量。电弧焊就是依靠焊接电弧把电能转变为焊接过程所需的热能和机械能来达到连接金属的目的。

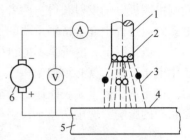

图1-2 电弧示意图
1—焊条 2—阴极区 3—弧柱区
4—阳极区 5—工件 6—电焊机

（1）**焊接电弧产生的条件** 正常状态下，气体是良好的绝缘体，气体的分子和原子处于中性状态，气体中没有带电粒子，因此气体不能导电，电弧也不能自发地产生。要使电弧产生并稳定燃烧，就必须使两极（或电极与母材）之间的气体中有带电粒子，而获得带电粒子的方法就是中性气体的电离和金属电极（阴极）电子发射。要使两电极之间的气体导电，必须具备两个条件：①两电极之间有带电粒子；②两电极之间有电场。气体电离和阴极电子发射是焊接电弧产生和维持的两个必要条件。

（2）**气体电离与激励** 在外加能量作用下，使中性的气体分子或原子分离成电子和正离子的过程称为气体电离。气体电离的实质是中性气体粒子（分子或原子）吸收足够的外部能量，使得分子或原子中的电子脱离原子核的束缚而成为自由电子和正离子的过程。中性气体粒子失去第一个电子所需的最小外加能量称为第一电离能，失去第二个电子所需的能量称为第二电离能，依此类推。

电弧焊中的气体粒子电离现象主要是一次电离。不同的气体或元素，由于原子构造不同，其电离能也不同，电离能越大，气体就越难电离。常见元素的电离能见表1-1。

表1-1 常见元素的电离能

元　素	K	Na	Ba	Ca	Cr	Ti	Mn
电离能/eV	4.34	5.14	5.21	6.11	6.76	6.82	7.43
元　素	Fe	Si	H	O	N	Ar	He
电离能/eV	7.90	8.15	13.59	13.62	14.53	15.76	24.59

当其他条件（如气体的解离性能、热物理性能等）一定时，气体电离电压的大小反映了带电粒子产生的难易程度。当中性气体粒子受外加能量作用而不足以使其电离时，可能使其内部的电子从原来的能级跃迁到较高的能级，这种现象称为激励。使中性粒子激励所需要的最低外加能量称为激励能。

在焊接电弧中，使气体介质电离的形式主要有热电离、场致电离、光电离三种。

1）热电离。高温下，气体粒子受热的作用而互相碰撞产生的电离称为热电离。温度越高，热电离作用越大。

2）场致电离。带电粒子在电场的作用下做定向高速运动，产生较大的动能，当与中性粒子相碰撞时，就把能量传给中性粒子，使该粒子产生电离。两电极间的电压越高，电场作用越大，则电离作用越强烈。

3）光电离。气体粒子在光辐射的作用下产生的电离，称为光电离。

热电离和场致电离本质上都属于碰撞电离。碰撞电离是电离产生带电粒子的主要途径，光电离则是产生带电粒子的次要途径。

（3）阴极电子发射 在电弧焊中，电弧气氛中的带电粒子一方面由电离产生，另一方面则由阴极电子发射获得。两者都是电弧产生和维持不可缺少的必要条件，阴极电子发射在电弧导电过程中起着特别重要的作用。

一般情况下，电子是不能自由离开金属表面向外发射的，要使电子逸出电极金属表面而产生电子发射，就必须加给电子一定的能量，使它克服电极金属内部正电荷对它的静电引力。电子从阴极金属表面逸出所需要的能量称为逸出功，逸出功的大小受电极材料种类及表面状态的影响。逸出功越小，阴极发射电子就越容易。常见元素的电子逸出功见表1-2。

表1-2 常见元素的逸出功

元　素	K	Na	Ca	Mg	Mn	Ti	Fe	Al	C
逸出功/eV	2.26	2.33	2.90	3.74	3.76	3.92	4.18	4.25	4.34

焊接时，根据所吸收能的不同，阴极电子发射主要有热发射、电场发射、撞击发射和阴极斑点。

1）热发射。焊接时，阴极表面温度很高，阴极中的电子运动速度很快，当电子的动能达到或超出逸出功的时候，电子即冲出阴极表面产生热发射。温度越高，则热发射作用越强烈。

2）电场发射。在强电场的作用下，由于电场对阴极表面电子的吸引力，电子可以获得足够的动能，从阴极表面发射出来。两电极的电压越高，金属的逸出功越小，则电场发射作用越大。

3）撞击发射。当运动速度较高、能量较大的正离子撞击阴极表面时，将能量传递给阴极而产生电子发射的现象称为撞击发射。电场强度越大，在电场的作用下正离子的运动速度也越快，则产生的撞击发射作用也越强烈。

在焊接过程中，上述几种电子发射形式常常是同时存在的，只是在不同条件下它们所起的作用各不相同。

4）阴极斑点。阴极表面通常可以观察到发出烁亮的区域，这个区域称为阴极斑点，它是发射电子最集中的区域，即电流最集中流过的区域。阴极斑点的形态与阴极的类型有关。当采用钨或碳做阴极材料时（通常称为热阴极），其斑点固定不动；而当采用钢、铜、铝等材料做阴极时（通常称为冷阴极），其斑点在阴极表面做不规则的游动，甚至可观察到几个斑点同时存在。由于金属氧化物的逸出功比纯金属低，因而氧化物处容易发射电子。氧化物发射电子的同时自身被破坏，因而阴极斑点有清除氧化物的作用。阴极表面某处氧化物被清除后，另一处氧化物就成为集中发射电子的所在，这样就会在阴极表面的一定区域内将氧化物清除干净，显露出金属本色，这种现象称为"阴极清理"作用或"阴极破碎"作用。

（4）带电粒子的消失

1）扩散。如果电弧空间中带电粒子的分布不均匀，则带电粒子将从密度高的地方向密度低的地方迁移而使密度趋于均匀，这种现象称为带电粒子的扩散。焊接电弧中，弧柱中心部位比周边温度高，带电粒子密度大，因而这种扩散总是从弧柱中心向周边扩散。

2) 复合。电弧空间的正负带电粒子（正离子、负离子、电子）在一定条件下相遇而结合成中性粒子的过程称为复合。复合主要在电弧的周边进行。

3) 负离子的形成与影响。在一定条件下，有些中性原子或分子能吸附电子而形成负离子。负离子的产生，使得电弧空间的电子数量减少，导致电弧导电困难，电弧稳定性降低；负离子虽然所带电荷量与电子相等，但因其质量比电子大得多，运动速度低，易与正离子复合成中性粒子，故不能有效地担负转送电荷的任务。

2. 焊接电弧的构造

焊接电弧按其构造可分为阴极区、阳极区和弧柱三部分。

（1）阴极区　电弧紧靠负电极的区域称为阴极区。阴极区很窄，为 $10^{-5} \sim 10^{-6}$ cm，在阴极区的阴极表面有一个明亮的斑点，称为阴极斑点。它是阴极表面上电子发射的发源地，也是阴极区温度最高的地方。焊条电弧焊时，阴极区的温度一般达到 2130 ~ 3230℃，放出的热量占总热量的 36% 左右，阴极温度的高低主要取决于阴极的电极材料。

（2）阳极区　电弧紧靠正电极的区域称为阳极区，阳极区较阴极区宽，为 $10^{-3} \sim 10^{-4}$ cm，在阳极区的阳极表面也有光亮的斑点，称为阳极斑点。它是电弧放电时，正电极表面上集中接收电子的微小区域。

阳极不发射电子，消耗能量少，因此当阳极与阴极材料相同时，阳极区的温度要高于阴极区。焊条电弧焊时，阳极区的温度一般达 2330 ~ 3930℃，放出的热量占总热量的 43% 左右。

（3）弧柱　电弧阴极区和阳极区之间的部分称为弧柱。由于阴极区和阳极区都很窄，因此弧柱的长度基本上等于电弧长度。焊条电弧焊时，弧柱中心温度可达 5370 ~ 7730℃，放出的热量占总热量的 21% 左右。弧柱的温度与弧柱气体介质和焊接电流大小等因素有关。焊接电流越大，弧柱中的电离程度也越大，则弧柱温度也越高。

电弧两端（两电极）之间的电压称为电弧电压。当弧长一定时，电弧电压 U_A 由阴极压降 U_k，阳极压降 U_a 和弧柱压降 U_c 组成，如图 1-3 所示。

3. 电弧的作用力

在焊接过程中，电弧的机械能是以电弧力的形式表现出来的，电弧力不仅直接影响焊件的熔深及熔滴过渡，而且也影响到熔池的搅拌、焊缝成形及金属飞溅等。电弧力主要包括电磁收缩力、等离子流力、斑点力等。

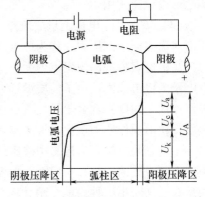

图 1-3　电弧电压分布图

（1）电磁收缩力　当电流流过相距不远的两根平行导线时，如果电流方向相同则产生相互吸引力，方向相反则产生排斥力。这个力是由电磁场产生的，因而称为电磁力。它的大小与导线中流过的电流大小成正比，与两导线间的距离成反比。

当电流通过导体时，电流可看成是由许多相距很近的平行同向电流线组成的，这些电流线之间将产生相互吸引力。如果是可变形导体（液态或气态），将使导体产生收缩，这种现象称为电磁收缩效应，产生电磁收缩效应的力称为电磁收缩力。这个电磁收缩力往往是形成其他电弧力的力源。

焊接电弧是能够通过很大电流的气态导体，电磁效应在电弧中产生的收缩力表现为电弧内的径向压力。通常电弧可看成是一圆锥形的气态导体，电极端直径小，焊件端直径大。由于不同直径处电磁收缩力的大小不同，直径小的一端收缩压力大，直径大的一端收缩压力小，因此将在电弧中产生压力差，形成由小直径端（电极端）指向大直径端（工件端）的电弧轴向推力，而且电流越大，形成的推力越大。

电弧轴向推力在电弧横截面上的分布不均匀，弧柱轴线处最大，向外逐渐减小，在焊件上此力表现为对熔池形成的压力，称为电磁静压力。这种分布形式的力作用在熔池上，形成碗状熔深焊缝。由电弧自身磁场引起的电磁收缩力，不仅使熔池下凹，同时也对熔池产生搅拌作用，有利于细化晶粒，排出气体及夹渣，使焊缝的质量得到改善。另外，电磁收缩力形成的轴向推力可在熔化极电弧焊中促使熔滴过渡，并可束缚弧柱的扩展，使弧柱能量更集中，电弧更具挺直性。

（2）等离子流力　因焊接电弧呈圆锥状，使电磁收缩力在电弧各处分布不均匀，具有一定的压力差，形成了轴向推力。在此推力作用下，将把靠近电极处的高温气体推向焊件方向。高温气体流动时要求从电极上方补充新的气体，形成有一定速度的连续气流进入电弧区。新加入的气体被加热和部分电离后，受轴向推力作用继续冲向焊件，对熔池形成附加的压力。熔池这部分附加压力是由高温气流（等离子气流）的高速运动引起的，所以称为等离子流力，也称为电弧的电磁动压力。

电弧中等离子气流具有很大的速度和加速度，可以达到每秒数百米。等离子流产生的动压力分布应与等离子流速度分布相对应，可见这种动压力在电弧中心线上最强。电流越大，中心线上的动压力幅值越大，而分布的区间越小。当钨极氩弧焊的钨极锥角较小，电流较大，或熔化极氩弧焊采用喷射过渡工艺时，这种电弧的动压力比较显著，容易形成指状熔深焊缝。

等离子流力可增大电弧的挺直性，在熔化极电弧焊时促进熔滴轴向过渡，增大熔深并对熔池形成搅拌作用。

（3）斑点力　电极上形成斑点时，由于斑点处受到带电粒子的撞击或金属蒸发的反作用而对斑点产生的压力，称为斑点压力或斑点力。

阴极斑点力比阳极斑点力大，主要原因是：①阴极斑点承受正离子的撞击，阳极斑点承受电子的撞击，而正离子的质量远大于电子的质量，且阴极压降一般大于阳极压降，所以阴极斑点承受的撞击远大于阳极斑点；②阴极斑点的电流密度比阳极斑点的电流密度大，金属蒸发产生的反作用力也比阳极斑点大。

不论是阴极斑点力还是阳极斑点力，其方向总是与熔滴过渡方向相反，因而斑点力总是阻碍熔滴过渡的作用力。但由于阴极斑点力大于阳极斑点力，所以在直流电弧焊时可通过采用反接法来减小这种影响。熔化极气体保护焊采用直流反接，可以减小熔滴过渡的阻碍作用，减少飞溅。钨极氩弧焊采用直流反接，由于阴极斑点位于焊件上，正离子的撞击使电弧具有阴极清理作用。

4. 电弧力的主要影响因素

（1）焊接电流和电弧电压　焊接电流增大，电磁收缩力和等离子流力都增加，所以电弧力也增大。焊接电流一定时，电弧长度增加引起电弧电压升高，则电弧力减小。

（2）焊丝直径　焊接电流一定时，焊丝越细，电流密度越大，造成电弧锥形越明显，则电磁力和等离子流力越大，导致电弧力增大。

（3）电极（焊条/焊丝）的极性　通常情况下阴极导电区的收缩程度比阳极区大，因此钨极氩弧焊正接时，可形成锥度较大的电弧，产生较大的电弧力。熔化极气体保护焊采用直流正接时，熔滴受到较大的斑点力，过渡时受到阻碍，电弧力较小；反之，直流反接时，电弧力较大。

（4）气体介质　不同种类的气体介质，其热物理性能不同，对电弧产生的影响也不同。导热性强的气体或多原子气体消耗的热量多，会引起电弧的收缩，导致电弧力的增加。气体流量或电弧空间气体压力增加，也会引起弧柱收缩，导致电弧力增加，同时使斑点力增大。斑点力增大使熔滴过渡困难，CO_2 气体保护焊时这种现象尤为明显。

5. 焊接电弧的稳定性

焊接电弧的稳定性是指电弧保持稳定燃烧（不产生断弧、飘移和偏吹等）的程度。电弧的稳定燃烧是保证焊接质量的一个重要因素，因此维持电弧稳定性是非常重要的。电弧不稳定的原因除焊工操作技术不熟练外，还与下列因素有关。

（1）弧焊电源的影响　采用直流电源焊接时，电弧燃烧比交流电源稳定。此外具有较高空载电压的焊接电源不仅引弧容易，而且电弧燃烧也稳定。这是因为焊接电源的空载电压较高，电场作用强，电离及电子发射强烈，所以电弧燃烧稳定。

（2）焊接电流的影响　焊接电流越大，电弧的温度就越高，则电弧气氛中的电离程度和热发射作用就越强，电弧燃烧也就越稳定。通过实验测定电弧稳定性的结果表明：随着焊接电流的增大，电弧的引燃电压就降低；同时随着焊接电流的增大，自然断弧的最大弧长也增大。所以焊接电流越大，电弧燃烧越稳定。

（3）焊条药皮或焊剂的影响　焊条药皮或焊剂中加入电离能比较低的物质（如 K、Na、Ca 的氧化物），能增加电弧气氛中的带电粒子，这样就可以提高气体的导电性，从而提高电弧燃烧的稳定性。如果焊条药皮或焊剂中含有电离能比较高的氟化物（CaF_2）及氯化物（KCl、NaCl）时，由于它们较难电离，因而降低了电弧气氛的电离程度，使电弧燃烧不稳定。

（4）焊接电弧偏吹的影响　在正常情况下焊接时，电弧的中心轴线总是保持沿焊条（丝）电极的轴线方向。即使当焊条（丝）与焊件有一定倾角时，电弧也随着电极轴线的方向而改变，如图 1-4 所示。但在实际焊接中，由于气流的干扰、磁场的作用或焊条偏心的影响，会使电弧中心偏离电极轴线的方向，这种现象称为电弧偏吹。图 1-5 所示为磁场作用引起的电弧偏吹。一旦发生电弧偏吹，电弧轴线就难以对准焊缝中心，影响焊缝成形和焊接质量。

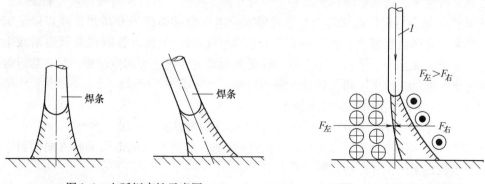

图 1-4　电弧挺直性示意图　　　　图 1-5　电弧偏吹的形成

1）焊接电弧偏吹的原因。

① 焊条偏心产生的偏吹。焊条的偏心度是指焊条药皮沿焊芯直径方向偏心的程度。焊条偏心度过大，使焊条药皮厚薄不均匀，药皮较厚的一边比药皮较薄的一边熔化时需吸收更多的热，因此药皮较薄的一边很快熔化而使电弧外露，迫使电弧往外偏吹。因此，为了保证焊接质量，在焊条生产中对焊条的偏心度有一定的限制。根据国家标准规定，直径不大于 2.5mm 的焊条，偏心度不大于 7%；直径为 2.5mm 和 3.2mm 的焊条，偏心度不大于 5%；直径不小于 5mm 的焊条，偏心度不大于 4%。焊条偏心产生的电弧偏吹偏向药皮较薄的一边。

② 电弧周围气流产生的偏吹。电弧周围气体的流动会把电弧吹向一侧而造成偏吹。造成电弧周围气体剧烈流动的因素很多，主要是大气中的气流和热对流的影响。例如，在露天大风中操作时，电弧偏吹状况很严重；在焊接管子时，由于空气在管子中流动速度较大，形成所谓"穿堂风"，使电弧发生偏吹；在焊接开坡口的对接接头第一层焊缝时，如果接头间隙较大，在热对流的影响下也会使电弧发生偏吹。

③ 焊接电弧的磁偏吹。直流电弧焊时，因受到焊接回路所产生的电磁力的作用而产生的电弧偏吹称为磁偏吹。它是由于直流电所产生的磁场在电弧周围分布不均匀而引起的电弧偏吹。

造成电弧产生磁偏吹的因素主要有下列几种。

a. 导线接线位置引起的磁偏吹。如图 1-6 所示，导线接在焊件一侧，焊件接"＋"（正接），焊接时电弧左侧的磁力线由两部分组成：一部分是电流通过电弧产生的磁力线，另一部分是电流流经焊件产生的磁力线。而电弧右侧仅有电流通过电弧产生的磁力线，从而造成电弧两侧的磁力线分布极不均匀。电弧左侧的磁力线较右侧的磁力线密集，电弧左侧的电磁力大于右侧的电磁力，使电弧向右侧偏吹。

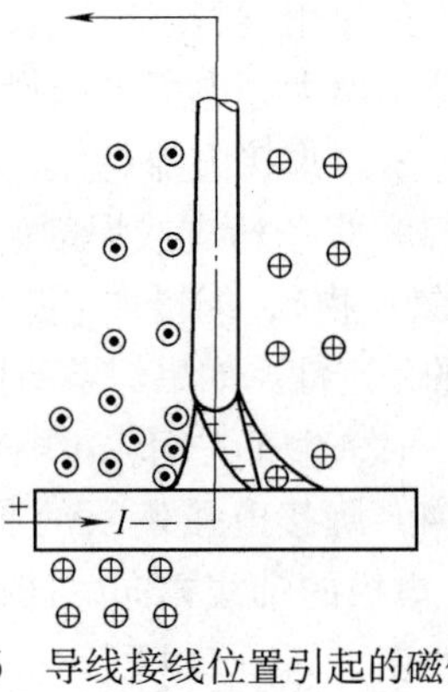

b. 铁磁物质引起的磁偏吹。由于铁磁物质（钢板、铁块等）的导磁能力远远大于空气，因此，当焊接电弧周围有铁磁物质存在时，在靠近铁磁物质一侧的磁力线大部

图 1-6　导线接线位置引起的磁偏吹

分都通过铁磁物质形成封闭曲线，使电弧同铁磁物质之间的磁力线变得稀疏，而电弧另一侧磁力线就显得密集，造成电弧两侧的磁力线分布极不均匀，电弧向铁磁物质一侧偏吹。

c. 电弧运动至钢板的端部时引起的磁偏吹。当在焊件边缘处开始焊接或焊接至钢板端部时，经常会发生电弧偏吹，而逐渐靠近焊件的中心时，电弧的偏吹现象就逐渐减小或没有。这是由于电弧运动至钢板的端部时，导磁面积发生变化，引起空间磁力线在靠近焊件边缘的地方密度增加，产生了指向焊件内部的磁偏吹，如图 1-7 所示。

2）防止或减少焊接电弧偏吹的措施。

① 焊接时，在条件许可的情况下尽量使用交流电源焊接。

② 调整焊条角度，使焊条偏吹的方向转向熔池，即将焊条向电弧偏吹方向倾斜一定角度，这种方法在实际工作中应用得较广泛。

③ 采用短弧焊接，因为短弧焊接时受气流的影响较小，而且在产生磁偏吹时，如果采

用短弧焊接，也能减小磁偏吹程度，因此采用短弧焊接是减少电弧偏吹的较好方法。

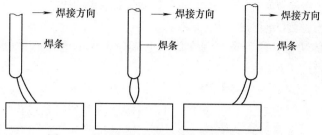

图 1-7　电弧在焊件端部焊接时引起的磁偏吹

④ 改变焊件上导线接线部位或在焊件两侧同时接地线，可减少因导线接线位置引起的磁偏吹。

⑤ 在焊缝两端各加一小块附加钢板（引弧板及引出板），使电弧两侧的磁力线分布均匀并减少热对流的影响，以克服电弧偏吹。

⑥ 露天操作时，如果有大风则必须用挡板遮挡，对电弧进行保护。在焊接管子时，必须将管口堵住，以防止气流对电弧的影响。在焊接间隙较大的对接焊缝时，可在接缝下面加垫板，以防止热对流引起的电弧偏吹。

⑦ 采用小电流焊接，因为磁偏吹的大小与焊接电流有直接关系，焊接电流越大，磁偏吹越严重。

（5）其他影响因素　电弧长度对电弧的稳定性也有较大的影响，如果电弧太长，就会发生剧烈摆动，从而破坏了焊接电弧的稳定性，而且飞溅也增大，所以应尽量采用短弧焊接。焊接处若有油漆、油脂、水分和锈层等，也会影响电弧燃烧的稳定性，因此焊前做好焊件表面的清理工作十分重要。此外，焊条受潮或焊条药皮脱落也会造成电弧燃烧不稳定。

6. 熔滴上的作用力

电弧焊时，在电弧热作用下焊丝或焊条端部受热熔化形成熔滴。熔滴上的作用力是影响熔滴过渡及焊缝成形的主要因素。根据熔滴上的作用力来源不同，可将其分为重力、表面张力、电弧力、熔滴爆破力和电弧气体的吹力。

（1）重力　重力对熔滴过渡的影响根据焊接位置的不同而不同。平焊时，熔滴上的重力促使熔滴过渡；而在立焊及仰焊位置则阻碍熔滴过渡。重力 G 可表示为

$$G = mg = (4/3)\pi r^3 \rho g \tag{1-1}$$

式中，r 是熔滴半径；ρ 是熔滴密度；g 是重力加速度。

（2）表面张力　表面张力是指焊丝端头上保持熔滴的作用力，用 F_σ 表示，计算公式为

$$F_\sigma = 2\pi R \sigma \tag{1-2}$$

式中，R 是焊丝半径；σ 是表面张力系数。

σ 的数值与材料成分、温度、气体介质等因素有关。平焊时，表面张力阻碍熔滴过渡。除平焊之外的其他位置焊接时，表面张力对熔滴过渡有利。

（3）电弧力　电弧力是指电弧对熔滴和熔池的机械作用力，包括电磁收缩力、等离子流力、斑点力等。电磁收缩力形成的轴向推力以及等离子流力可在熔化极电弧焊中促使熔滴过渡；斑点力总是阻碍熔滴过渡的作用力。有一点必须指出，电弧力只有在焊接电流较大时才对熔滴过渡起主要作用；焊接电流较小时起主要作用的往往是重力和表面张力。

（4）熔滴爆破力　当熔滴内部因冶金反应而生成气体或含有易蒸发金属时，在电弧高温作用下将使气体积聚、膨胀而产生较大的内压力，致使熔滴爆破，这一内压力称为熔滴爆破力。它在促使熔滴过渡的同时也产生飞溅。

（5）电弧的气体吹力　这种力出现在焊条电弧焊中。不论是何种位置的焊接，电弧气体吹力总是促使熔滴过渡。

7. 熔滴过渡的主要形式及特点

熔滴过渡过程不但影响电弧的稳定性，而且对焊缝成形和冶金过程也有很大的影响，熔滴过渡过程十分复杂，主要过渡形式有自由过渡、接触过渡和渣壁过渡三种。

（1）自由过渡　自由过渡是指熔滴经电弧空间自由飞行，焊丝端头和熔池之间不发生直接接触的过渡方式。如果过渡的熔滴直径比焊丝直径大时，称为滴状过渡；过渡的熔滴直径比焊丝直径小时，则称为喷射过渡；在电弧气氛或保护气体中含有 CO_2 气体时，有时会发生爆炸现象，使部分熔滴金属爆炸而产生飞溅，只有部分金属得以过渡，这种形式称为爆破过渡。常用的自由过渡是滴状过渡和喷射过渡。

1）滴状过渡。

① 粗滴过渡。当电流较小而电弧电压较高时，弧长较长，熔滴不与熔池短路接触，熔滴尺寸逐渐长大。当重力足以克服熔滴的表面张力时，熔滴便脱离焊丝端部进入熔池（小电流时电弧力忽略）。粗滴过渡时熔滴存在时间长、尺寸大、飞溅多，电弧的稳定性及焊缝质量都较差。

② 细滴过渡。与粗滴过渡相比，细滴过渡电流较大，相应的电磁收缩力增大，表面张力减小，熔滴存在时间缩短，熔滴细化，过渡频率增加。电弧稳定性较高，飞溅较少，焊缝质量提高，广泛应用于生产中。

2）喷射过渡。喷射过渡容易出现在以氩气或富氩气体做保护气体的焊接方法中。喷射过渡时，细小的熔滴从焊丝端部连续不断地以高速度冲向熔池（加速度可达重力加速度的几十倍），过渡频率快，飞溅少，电弧稳定，热量集中，对焊件的穿透力强，可得到焊缝中心部位熔深明显增大的指状焊缝。喷射过渡适合焊接厚度较大的焊件，不适宜焊接薄板。

当焊丝末端已经存在的熔滴脱离焊丝，电弧变成圆锥形状，易形成较强的等离子流，使焊丝末端的液态金属被削成铅笔尖状。在各种电弧力作用下，液态金属以细小颗粒的形式连续不断地冲向熔池，因这种喷射过渡熔滴细小，过渡频率及速度都较高，通常也称为射流过渡。

（2）接触过渡　接触过渡是指焊丝（或焊条）端部的熔滴与熔池表面通过接触而过渡的方式。根据接触之前熔滴大小的不同，该过渡方式又可分为两种形态：小滴时，电磁收缩力的作用大于表面张力，通常形成短路过渡；大滴时，表面张力作用大于电磁收缩力，靠熔滴和熔池表面接触后所产生的表面张力过渡，称为搭桥过渡。

1）短路过渡。电弧引燃后，随着电弧的燃烧，焊丝（或焊条）端部熔化形成熔滴并逐步长大。当电流较小、电弧电压较低时，弧长较短，熔滴未长成大滴就与熔池接触而形成液态金属短路，电弧熄灭，随之金属熔滴过渡到熔池中去。熔滴脱落之后电弧重新引燃，如此交替进行，这种过渡形式称为短路过渡。

① 短路过渡的过程。短路过渡由燃弧和熄弧（短路）两个交替的阶段组成，电弧燃烧过程是不连续的。电弧引燃后，焊丝受热的作用端头开始熔化并形成熔滴，随着焊丝的熔

化，熔滴继续长大，此时电弧向焊丝传递的热量减少，焊丝的熔化速度减慢，而焊丝仍以一定的速度送进，送丝速度比熔化速度快，使熔滴接触熔池造成短路；短路瞬间电弧熄灭，电弧电压急剧下降；随着短路电流的迅速上升，在电磁收缩力和其他电弧力的共同作用下，熔滴与焊丝之间形成缩颈，并逐渐变细；当短路电流上升到一定数值时，缩颈爆断，熔滴过渡到熔池中，电弧电压迅速恢复到空载电压，电弧重新引燃；此后重复上述过程。

② 短路过渡的特点。

a. 短路过渡是燃弧、熄弧交替进行的。燃弧时电弧对焊件加热，熄弧时熔滴形成缩颈过渡到熔池。短路过渡时，通过对电弧的燃烧及熄灭时间进行调节，就可调节焊件的热输入量，控制焊缝形状（主要是焊缝厚度）。

b. 短路过渡时，平均焊接电流较小，而短路电流峰值又相当大，这种电流形式既可避免薄板的焊穿，又可保证熔滴过渡的顺利进行，有利于薄板焊接或全位置焊接。

c. 短路过渡时，一般使用小直径的焊丝或焊条，电流密度较大，电弧产热集中，焊丝或焊条熔化速度快，因而焊接速度快。同时，短路过渡的电弧弧长较短，焊件加热区较小，可减小焊接接头热影响区宽度和焊接变形量，提高焊接接头质量。

2）搭桥过渡。实际焊接中，与短路过渡相似的还有一种搭桥过渡，这种过渡出现在非熔化极填丝电弧焊或气焊中。因焊丝一般不通电，因此不称为短路过渡。搭桥过渡时，焊丝在电弧热作用下熔化形成熔滴并与熔池接触，在表面张力、重力和电弧力作用下，熔滴进入熔池。

（3）渣壁过渡　渣壁过渡是熔滴沿着熔渣的壁面流入熔池的一种过渡形式。这种过渡方式只出现在埋弧焊和焊条电弧焊中。

埋弧焊时，电弧在熔渣形成的空腔内燃烧，熔滴主要通过渣壁流入熔池，只有少量熔滴通过空腔内的电弧空间进入熔池。埋弧焊的熔滴过渡频率及熔滴尺寸与极性、电弧电压和焊接电流有关。若电弧电压较低，则气泡较小，形成的熔滴较细小，沿渣壁以小滴状过渡，每秒可以达几十滴；直流正接时，以粗滴状过渡，频率较小，每秒仅10滴左右。频率随电流的增加而增大，这一特点在直流反接时表现得尤为明显。

焊条电弧焊时，熔滴过渡形式可能有四种：渣壁过渡、粗滴过渡、细滴过渡和短路过渡，过渡形式取决于药皮成分和厚度、焊接参数、电流种类和极性等。当采用厚药皮焊条焊接时，焊芯比药皮熔化快，使焊条端头形成有一定角度的药皮套筒，控制熔滴沿套筒壁落入熔池，形成渣壁过渡。

8. 焊缝形状与焊缝质量的关系

在电弧热的作用下焊丝与母材被熔化，在焊件上形成一个具有一定形状和尺寸的液态熔池。随着电弧的移动，熔池前端的焊件不断被熔化而进入熔池中，熔池后部则不断冷却结晶形成焊缝。熔池的形状不仅决定了焊缝的形状，而且对焊缝的组织、力学性能和焊接质量有重要的影响。

焊缝的形状即指焊件熔化区横截面的形状，它可用焊缝有效厚度 S、焊缝宽度 c 和余高 h 三个参数来描述。S、c 和 h 之间应有适当的比例，生产中常用焊接成形系数 $\varphi = c/S$ 和余高系数 $\psi = c/h$ 来表征焊缝成形的特点。

表征焊缝横截面形状特征的另一个重要参数就是焊缝的熔合比。焊缝金属的化学成分一方面与冶金反应时从焊丝和焊剂中过渡的合金含量有关，另一方面也与母材本身的熔化量有关，即与焊缝的熔合比有关。所谓熔合比，是指单道焊时，在焊缝横截面上母材熔化部分所占的面积与焊缝全部面积之比 $[\gamma = A_m / (A_m + A_H)]$。熔合比越大，则焊缝的化学成分越接近于母材本身的化学成分。显然焊件的坡口形式、焊接参数都会影响焊缝的熔合比。所以在电弧焊工艺中，特别是焊接中碳钢、合金钢和有色金属时，调整焊缝的熔合比常常是控制焊缝化学成分、防止焊接缺陷和提高焊缝力学性能的重要手段。

9. 焊接工艺参数对焊缝成形的影响

电弧焊的焊接工艺参数包括焊接参数和工艺因数等，不同的焊接工艺参数对焊缝成形的影响也不同。通常将对焊接质量影响较大的焊接工艺参数（焊接电流、电弧电压、焊接速度、热输入等）称为焊接参数。其他工艺参数（焊丝直径、电流种类与极性、电极和焊件倾角、保护气等）称为工艺因数。此外，焊件的结构因数（坡口形状、间隙、焊件厚度等）也会对焊缝成形造成一定的影响。

（1）焊接参数的影响　焊接参数决定焊缝的输入能量，是影响焊缝成形的主要工艺参数。

1）焊接电流。焊接电流主要影响焊缝厚度。当其他条件一定时，随焊接电流的增大，电弧力和电弧对焊件的热输入量及焊丝的熔化量（熔化极电弧焊）增大，焊缝厚度和余高增加，而焊缝宽度几乎不变，焊缝成形系数减小。

2）电弧电压。电弧电压主要影响焊缝宽度。当其他条件一定时，随着电弧电压的增大，焊缝宽度显著增加，而焊缝厚度和余高略有减小。

3）焊接速度。焊接速度的快慢主要影响母材的热输入量。当其他条件一定时，提高焊接速度，单位长度焊缝的热输入量及焊丝金属的熔敷量均减小，故焊缝厚度、焊缝宽度和余高都减小。增大焊接速度是提高焊接生产率的主要途径之一，但为保证一定的焊缝尺寸，必须在提高焊接速度的同时相应地提高焊接电流和电弧电压。

（2）工艺因数的影响

1）电流种类和极性。电流种类和极性对焊缝形状的影响与焊接方法有关。熔化极气体保护焊和埋弧焊采用直流反接时，焊件（阴极）产生热量较多，焊缝厚度、焊缝宽度都比直流正接时大。交流焊接时，焊缝厚度、焊缝宽度介于直流正接与直流反接之间。在钨极氩弧焊或酸性焊条电弧焊中，直流反接焊缝厚度小，直流正接焊缝厚度大，交流焊接介于上述两者之间。

2）焊丝直径和伸出长度。焊接电流、电弧电压及焊接速度给定时，焊丝直径越细（钨极氩弧焊时，钨极端部几何尺寸越小），电流密度越大，对焊件加热越集中，同时电磁收缩力增大，焊丝熔化量增多，使得焊缝厚度、余高均增大。

焊丝伸出长度增加，电阻增大，电阻热增加，焊丝熔化速度加快，使得余高增加，焊缝厚度略有减小。焊丝电阻率越高，直径越细，伸出长度越长，这种影响越大。

3）电极倾角。电弧焊时，根据电极倾斜方向和焊接方向的关系，分为电极前倾和电极后倾两种，如图 1-8 所示。电极前倾时，焊缝宽度增加，

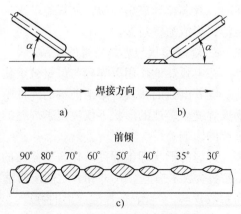

图 1-8　电极倾角对焊缝成形的影响
a）后倾　b）前倾　c）前倾时倾角的影响

焊缝厚度、余高均减小。前倾角越小，这种现象越突出。电极后倾时，情况刚好相反。焊条电弧焊和半自动气体保护焊时，通常采用电极前倾法，倾角 $\alpha = 65° \sim 80°$较合适。

4）焊件倾角。实际焊接时，有时因焊接结构等条件的限定，焊件摆放存在一定的倾斜，重力作用使熔池中的液态金属有向下流动的趋势，在不同的焊接方向产生不同的影响。下坡焊时，重力作用阻止熔池金属流向熔池尾部，电弧下方液态金属变厚，电弧对熔池底部金属的加热作用减弱，焊缝厚度减小，余高和焊缝宽度增大。上坡焊时，熔池金属在重力及电弧力的作用下流向熔池尾部，电弧正下方液体金属层变薄，电弧对熔池底部金属的加热作用增强，因而焊缝厚度和余高均增大，焊缝宽度减小，如图1-9所示。

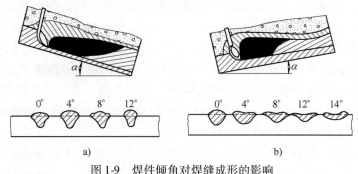

图 1-9　焊件倾角对焊缝成形的影响
a）上坡焊　b）下坡焊

（3）结构因数　焊件的结构因数通常指焊件的材料和厚度、焊件的坡口和间隙等。

1）焊件的材料和厚度。不同的焊件材料，其热物理性能不同。相同条件下，导热性好的材料熔化单位体积金属所需热量多，在热输入量一定时，它的焊缝厚度和焊缝宽度就小。焊件材料的密度或液态黏度越大，则电弧对熔池液态金属的排开越困难，焊缝厚度越小。当其他条件相同时，焊件厚度越大，散热越多，焊缝厚度和焊缝宽度越小。

2）焊件的坡口和间隙。焊件是否要开坡口，是否要留间隙及尺寸多大，均应视具体情况确定。采用对接形式焊接薄板时不需要留间隙，也不需要开坡口；板厚较大时，为了焊透焊件需要留一定间隙或开坡口，此时余高和熔合比随坡口或间隙尺寸的增大而减小。因此，焊接时常采用开坡口来控制余高和熔合比。

总之，影响焊缝成形的因素很多，要想获得良好的焊缝成形质量，需根据焊件的材料和厚度、焊缝的空间位置、接头形式、工作条件、对接头性能和焊缝尺寸的要求等，选择合适的焊接方法和焊接工艺参数，否则就可能造成焊缝的成形缺陷。

10. 焊缝成形缺陷的产生及防止

（1）焊缝外形尺寸不符合要求　焊缝外形尺寸不符合要求主要有焊缝表面高低不平、焊缝波纹粗劣、纵向宽度不均匀、余高过高或过低等。产生焊缝尺寸不符合要求的主要原因有：焊件所开坡口角度不当、装配间隙不均匀、焊接参数选择不合适及操作人员技术不熟练等。为防止上述缺陷，应正确选择坡口角度、装配间隙及焊接参数，熟练掌握操作技术，严格按设计规定进行施工。

（2）咬边　由于焊接参数选择不当或操作方法不正确，沿焊趾的母材部位产生的沟槽或凹陷称为咬边（也称咬肉）。咬边是电弧将焊缝边缘熔化后，没有得到填充金属的补充而留下的缺口。咬边一方面使接头承载截面减小，强度降低；另一方面造成咬边处应力集中，接头承载后易引起裂纹。当采用大电流高速焊接或焊角焊缝时一次焊接的焊脚尺寸过大，电压过高或焊枪角度不当，都可能产生咬边现象。可见，正确选择焊接参数，熟练掌握焊接操作技术是防止咬边的有效措施。

（3）未焊透和未熔合　焊接时，焊接接头根部未完全熔透的现象称为未焊透；焊道与母材之间或焊道与焊道之间未能完全熔化结合的现象称为未熔合。形成未焊透和未熔合的主要原因是焊接电流过小、焊速过高、坡口尺寸不合适及焊丝偏离焊缝中心或受磁偏吹影响等。焊件清理不良，杂质阻碍母材边缘与根部之间以及焊层之间的熔合，也易引起未焊透和未熔合。为防止产生未焊透和未熔合，应正确选择焊接参数、坡口形式及装配间隙，并确保焊丝对准焊缝中心。同时，注意坡口两侧及焊道层间的清理，使熔化金属间及熔敷金属与母材金属之间充分熔合。

（4）焊瘤　焊接过程中，熔化的金属流淌到焊缝之外未熔化的母材上所形成的金属瘤称为焊瘤，也称满溢。焊瘤会影响焊缝的外观成形，造成焊接材料的浪费。焊瘤部位往往还存在夹渣和未焊透。焊瘤主要是由于填充金属量过多引起的。防止产生焊瘤的主要措施是：尽量使焊缝处于水平位置，使填充金属量适当，焊接速度不宜过低，焊丝伸出长度不宜太长，注意坡口及弧长的选择等。

（5）焊穿及塌陷　焊缝上形成穿孔的现象称为焊穿。熔化的金属从焊缝背面漏出，使焊缝正面下凹、背面凸起的现象称为塌陷。形成焊穿及塌陷的原因主要是焊接电流过大、焊接速度过小或坡口间隙过大等。为防止焊穿及塌陷，应使焊接电流与焊接速度适当配合。

1.1.2　焊条电弧焊的原理及特点

1. 焊条电弧焊的原理

焊接时，将焊条与焊件接触短路后立即提起焊条，引燃电弧。电弧的高温将焊条与焊件局部熔化，熔化了的焊芯以熔滴的形式过渡到局部熔化的焊件表面，形成熔池。焊条药皮在熔化过程中产生一定量的气体和液态熔渣，产生的气体充满在电弧和熔池周围，起隔绝大气保护液体金属的作用。液态熔渣密度小，在熔池中不断上浮，覆盖在液体金属表面，也起着保护液体金属的作用。同时，药皮熔化产生的气体、熔渣与熔化了的焊芯、焊件发生一系列冶金反应，保证了所形成焊缝的性能。随着电弧沿焊接方向不断移动，熔池液态金属逐步冷却结晶形成焊缝。焊条电弧焊原理如图1-10所示。

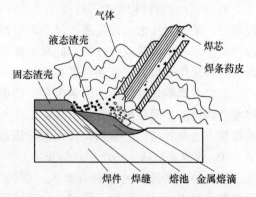

图1-10　焊条电弧焊原理

2. 焊条电弧焊的特点

（1）焊条电弧焊的优点

1）工艺灵活、适应性强。对于不同的焊接位置、接头形式、焊件厚度及焊缝，只要焊条所能达到的任何位置，均能进行方便的焊接。对于一些单件、小件、短的、不规则的空间任意位置的以及不易实现机械化焊接的焊缝，更显得机动灵活，操作方便。

2）应用范围广。焊条电弧焊的焊条能够与大多数焊件金属性能相匹配，因而接头的性能可以达到被焊金属的性能。焊条电弧焊不但能焊接碳钢、低合金钢、不锈钢及耐热钢，也可焊接铸铁、高合金钢及有色金属等。此外，还可以进行异种钢焊接和各种金属材料的堆焊等。

3）易于分散焊接应力和控制焊接变形。由于焊接是局部的不均匀加热，所以焊件在焊接过程中都存在着焊接应力和变形。对于结构复杂而焊缝又比较集中的焊件、长焊缝和大厚度焊件，其应力和变形问题更为突出。采用焊条电弧焊，可以通过改变焊接工艺，如采用跳焊、分段退焊、对称焊等方法，减少变形和改善焊接应力的分布。

4）设备简单、成本较低。焊条电弧焊使用的交流焊机和直流焊机，其结构都比较简单，维护保养也较方便，设备轻便而且易于移动，且焊接中不需要辅助气体保护，并具有较强的抗风能力，所以投资少，成本相对较低。

（2）焊条电弧焊的缺点

1）焊接生产率低、劳动强度大。由于焊条的长度是一定的，因此每焊完一根焊条后必须停止焊接，更换新的焊条；而且每焊完一道焊道后要求清渣，焊接过程不能连续地进行，所以生产率低，劳动强度大。

2）焊缝质量依赖性强。由于采用手工操作，焊缝质量主要靠焊工的操作技术和经验保证，所以，焊缝质量在很大程度上依赖于焊工的操作技术及现场发挥，甚至焊工的精神状态也会影响焊缝质量，且不适合活泼金属、难熔金属及薄板的焊接。

尽管半自动、自动焊在一些领域得到了广泛的应用，有逐步取代焊条电弧焊的趋势，但由于它具有以上特点，目前仍然是焊接生产中使用最广泛的焊接方法。

1.1.3 焊条电弧焊设备及工具

焊条电弧焊的设备和工具有弧焊电源、焊钳、面罩、焊条保温筒，此外还有敲渣锤、钢丝刷等手工工具及焊缝检验尺等辅助器具等，其中最主要、最重要的设备是弧焊电源，即通常所说的电焊机，为了区别其他电源，故称弧焊电源。弧焊电源的作用就是为焊接电弧稳定燃烧提供所需要的、合适的电流和电压。

1. 对弧焊电源的要求

焊条电弧焊电弧与一般的电阻负载不同，它在焊接过程中是时刻变化的，是一个动态的负载，因此弧焊电源除了具有一般电力电源的特点外，还必须满足下列要求。

（1）对弧焊电源外特性的要求　在其他参数不变的情况下，弧焊电源的输出电压与输出电流之间的关系，称为弧焊电源的外特性。弧焊电源的外特性可用曲线来表示，称为弧焊电源的外特性曲线。弧焊电源的外特性基本上有下降外特性、平外特性、上升外特性三种类型。在电极材料、气体介质和弧长一定的情况下，电弧稳定燃烧时，焊接电流与电弧电压变化的关系，称为焊接电弧的静特性。焊接电弧的静特性可用曲线来表示，称为焊接电弧静特性曲线。

在焊接回路中，弧焊电源与电弧构成供电用电系统。为了保证焊接电弧稳定燃烧和焊接参数稳定，电源外特性曲线与电弧静特性曲线必须相交。因为在交点，电源供给的电压和电流与电弧燃烧所需要的电压和电流相等，电弧才能燃烧。由于焊条电弧焊时电弧静特性曲线的工作段在平特性区，所以只有下降外特性曲线才与其有交点。因此，下降外特性曲线电源能满足焊条电弧焊的要求。当弧长变化相同时，陡降外特性曲线引起的电流偏差明显小于缓降外特性曲线引起的电流偏差，有利于焊接参数稳定。因此，焊条电弧焊应采用陡降外特性电源。

（2）对弧焊电源空载电压的要求　弧焊电源接通电网而焊接回路为开路时，弧焊电源输出端电压称为空载电压。弧焊电源空载电压的确定应遵循下列原则：

1）保证引弧容易。弧焊电源的空载电压越高，引弧越容易，电弧燃烧的稳定性越好。

2）保证电弧功率稳定。为了保证交流电弧功率稳定，要求 $U_0 \geqslant (1.8 \sim 2.25) U_f$。

3）要有良好的经济性。空载电压越高，所需的铁、铜材料越多，焊机的体积和重量越大，同时还会增加能量的损耗，降低弧焊电源效率。

4）保证人身安全。为了确保焊工安全，对空载电压必须加以限制。因此，弧焊电源的空载电压应在满足引弧容易和电弧稳定的前提下，尽可能采用较低的空载电压。对于通用交流和直流焊条电弧焊电源，规定：一般交流弧焊电源空载电压为 55 ~ 70V，直流弧焊电源空载电压为 45 ~ 85V。

（3）对弧焊电源稳态短路电流的要求　弧焊电源稳态短路电流是弧焊电源所能稳定提供的最大电流，即输出端短路时的电流。稳态短路电流太大，焊条过热，易引起药皮脱落，并增加熔滴过渡时的飞溅；稳态短路电流太小，则会使引弧和焊条熔滴过渡产生困难。因此，对于下降外特性的弧焊电源，一般要求稳态短路电流为焊接电流的 1.25 ~ 2.0 倍。

（4）对弧焊电源调节特性的要求　在焊接过程中，根据焊接材料的性质、厚度，焊接接头的形式、位置及焊条直径等不同，需要选择不同的焊接电流，这就要求弧焊电源能在一定范围内，对焊接电流做均匀、灵活的调节，以便保证焊接接头的质量。焊条电弧焊焊接电流的调节实质上是调节电源外特性。

（5）对弧焊电源动特性的要求　弧焊电源的动特性是指弧焊电源对焊接电弧的动态负载所输出的电流、电压与时间的关系，它表示弧焊电源对动态负载瞬间变化的反应能力。动特性合适时，引弧容易、电弧稳定、飞溅小、焊缝成形良好。弧焊电源的动特性是衡量弧焊电源质量的一个重要指标。

2. 常用弧焊电源简介

（1）弧焊电源的分类及特点　弧焊电源按结构原理不同可分为交流弧焊电源、直流弧焊电源和逆变式弧焊电源三种类型。按电流性质可分为直流电源和交流电源。

1）交流弧焊电源。交流弧焊电源一般也称为弧焊变压器，是一种最简单和常用的弧焊电源。弧焊变压器的作用是把网路电压的交流电变成适宜于电弧焊的低压交流电。它具有结构简单、易造易修、成本低、效率高、磁偏吹小、噪声小等优点，但电弧稳定性较差，功率因数较低。

2）直流弧焊电源。直流弧焊电源有直流弧焊发电机和弧焊整流器两种。直流弧焊发电机由直流发电机和原动机（电动机、柴油机、汽油机）组成。它虽然坚固耐用，电弧燃烧稳定，但损耗较大、效率低、噪声大、成本高、重量大、维修难。电动机驱动的直流弧焊发电机属于国家规定的淘汰产品，但由柴油机驱动的可用于没有电源的野外施工。

弧焊整流器是把交流电经降压整流后获得直流电的电器设备。它具有制造方便、价格低、空载损耗小、电弧稳定和噪声小等优点，且大多数（如晶闸管式、晶体管式）可以远距离调节焊接参数，能自动补偿电网电压波动对输出电压、电流的影响。

3）逆变式弧焊电源。逆变式弧焊电源也称弧焊逆变器，是把单相或三相交流电经整流后，由逆变器转变为几百至几万赫兹的中频交流电，经降压后输出交流或直流电。它具有高效、节能、重量轻、体积小、功率因数高和焊接性能好等独特的优点。

（2）弧焊电源的型号及技术参数

1）弧焊电源的型号。根据 GB/T 10249—2010《电焊机型号编制方法》，弧焊电源型号采用汉语拼音字母和阿拉伯数字表示，弧焊电源型号的各项编排次序如图 1-11 所示。型号中 2、4 各项用阿拉伯数字表示；型号中 3 项用汉语拼音字母表示；型号中 3、4 项如不用时，可空缺；改进序号按产品改进程序用阿拉伯数字连续编号。产品符号代码中 1、2、3 各项用汉语拼音表示；产品符号代码中 4 项用阿拉伯数字表示；附注特征和系列序号用于区别同小类的各系列和品种，包括通用和专用产品；产品符号代码中 3、4 项如不需表示时，可以只用 1、2 项；可同时兼做几大类焊机使用时，其大类名称的代表字母按主要用途选取；如果产品符号代码的 1、2、3 项的汉语拼音字母表示的内容，不能完整表达该焊机的功能或有可能存在不合理的表述时，产品符号代码可以由该产品的产品标准规定。

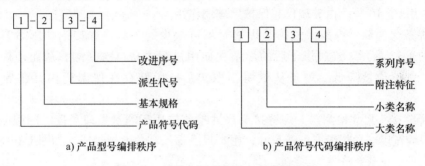

图 1-11　弧焊电源型号的各项编排次序

① 大类名称：例如 B 表示弧焊变压器；Z 表示弧焊整流器；A 表示弧焊发电机。

② 小类名称：例如 X 表示下降特性；P 表示平特性；D 表示多特性。

③ 附注特征：例如 L 表示高空载电压；M 表示脉冲电源；E 表示交直流两用电源。

④ 系列序号：弧焊变压器中"1"表示动铁心系列，"3"表示动圈系列；弧焊整流器中"1"表示动铁心系列，"3"表示动圈系列，"5"表示晶闸管系列，"7"表示逆变系列。

⑤ 基本规格：表示额定焊接电流。

2）弧焊电源的技术参数。焊机除了有规定的型号外，在其外壳上均标有铭牌，铭牌标明了主要技术参数，如额定值、负载持续率等可供安装、使用、维护等工作参考。

① 额定值。额定值即是对焊接电源规定的使用限额，如额定电压、额定电流和额定功率等。按额定值使用弧焊电源是最经济合理、安全可靠的，既充分利用了设备，又保证了设备的正常使用寿命。超过额定值工作称为过载，严重过载将会使设备损坏。在额定负载持续率工作允许使用的最大焊接电流，称为额定焊接电流，额定焊接电流不是最大焊接电流。

② 负载持续率。负载持续率是指弧焊电源负载的时间与整个工作时间周期的百分率，用公式表示为

负载持续率 =（弧焊电源负载时间/选定的工作时间周期）×100%

我国对 500A 以下焊条电弧焊电源的工作时间周期定为 5min，如果负载的时间为 3min，那么负载持续率即为 60%。对于一台弧焊电源来说，随着实际焊接（负载）时间的增多，间歇时间逐渐减少，那么负载持续率便会不断增高，弧焊电源就更容易发热、升温、甚至烧毁。因此，焊工必须按规定的额定负载持续率操作。

3. 焊条电弧焊常用的工具和辅助工具

（1）焊钳　焊钳是夹持焊条并传导电流以进行焊接的工具，它既能控制焊条的夹持角度，又可把焊接电流传输给焊条。市场销售的焊钳（图1-12）有额定焊接电流为300A和500A两种规格。

图1-12　焊钳

（2）面罩　面罩是防止焊接时的飞溅、弧光及其他辐射对焊工面部和颈部损伤的一种遮盖工具，有手持式和头盔式两种，头盔式多用于需要双手作业的场合。面罩正面开有长方形孔，内嵌白玻璃和黑玻璃。黑玻璃起减弱弧光和过滤红外线、紫外线作用。黑玻璃按亮度的深浅不同分为6个型号（7～12号），号数越大，色泽越深。应根据年龄和视力情况选用，一般常用9～10号。白玻璃仅起保护黑玻璃作用。

（3）焊条保温筒　焊条保温筒是焊接时不可缺少的工具，焊接锅炉压力容器时尤为重要，如图1-13所示。经过烘干后的焊条在使用过程中易再次受潮，从而使焊条的工艺性能变差，焊缝质量降低。焊条从烘烤箱取出后，应储存在保温筒内，在焊接时随取随用。

（4）焊缝接头尺寸检测器　焊缝接头尺寸检测器用于测量坡口角度、间隙、错边量以及余高、焊缝宽度、角焊缝厚度等尺寸，由直尺、探尺和角度规组成，如图1-14所示。

图1-13　焊条保温筒

图1-14　焊接检验尺

（5）敲渣锤　敲渣锤是用于清除焊渣的一种尖锤，可以提高清渣效率。

（6）钢丝刷　钢丝刷用于清除焊件表面的铁锈、油污等氧化物。

（7）气动打渣工具及高速角向砂轮机　气动打渣工具及高速角向砂轮机用于焊后清渣、焊缝修整及坡口准备。

1.1.4　焊条电弧焊工艺

1. 焊接接头形式、坡口和焊缝

（1）接头形式　用焊接方法连接的接头称为焊接接头（简称接头）。焊条电弧焊常用的基本接头形式有对接接头、搭接接头、角接接头和T形接头。选择接头形式时，主要根据产品的结构，并综合考虑受力条件、加工成本等因素。

（2）坡口 坡口是根据设计或工艺需要，在焊件的待焊部位加工并装配成的一定几何形状的沟槽。用机械、火焰或电弧等加工坡口的过程称为开坡口。开坡口的目的是保证电弧能深入到焊缝根部使其焊透，并获得良好的焊缝成形以及便于清渣。对于合金钢来说，坡口还能起到调节母材金属和填充金属比例（即熔合比）的作用。

坡口形式取决于焊接接头形式、焊件厚度以及对接头质量的要求，GB/T 985.1—2008《气焊、焊条电弧焊、气体保护焊和高能束焊的推荐坡口》对此做了详细规定。对接接头是焊接结构中最常见的接头形式。根据板厚不同，对接接头常用的坡口形式有 I 形、Y 形、X 形、带钝边 U 形等。

根据焊件厚度、结构形式及承载情况不同，角接接头和 T 形接头的坡口形式可分为 I 形、带钝边的单边 V 形和 K 形等。

（3）焊缝

1）焊缝分类。焊缝是指焊件经焊接后所形成的结合部分。按不同分类方法焊缝可分为以下几种形式：按空间位置可分为平焊缝、横焊缝、立焊缝及仰焊缝；按结合方式可分为对接焊缝、角焊缝及塞焊缝；按焊缝断续情况可分为连续焊缝和断续焊缝。

2）焊缝符号。为了在焊接结构设计的图样中标注出焊缝形式、焊缝和坡口的尺寸及其他焊接要求，GB/T 324—2008《焊缝符号表示法》规定了焊缝符号的表示规则。焊缝符号主要由基本符号、补充符号、焊缝尺寸符号和指引线等组成。

基本符号是表示焊缝横断面形状或特征的符号，它采用近似于焊缝横断面形状的符号来表示。

补充符号是为了补充说明焊缝或接头的某些特征而采用的符号。

焊缝尺寸符号是表示坡口和焊缝尺寸的符号。

指引线一般由箭头线和基准线组成。焊缝符号标注在基准线上，有时在基准线末端加一尾部，做其他说明。

2. 焊接参数及选择

（1）焊条直径 生产中，为了提高生产率，应尽可能选用较大直径的焊条，但是采用直径过大的焊条焊接，会造成未焊透或焊缝成形不良。因此必须正确选择焊条的直径。焊条直径大小的选择与下列因素有关。

1）焊件的厚度。厚度较大的焊件应选用直径较大的焊条；反之，焊接薄焊件时则应选用小直径的焊条。焊条直径与焊件厚度之间的关系见表 1-3。

表 1-3　焊条直径与焊件厚度之间的关系

焊件厚度/mm	2	3	4～5	6～12	≥13
焊条直径/mm	2	3.2	3.2～4	4～5	4～6

2）焊缝位置。在板厚相同的条件下，焊接平焊缝用的焊条直径应比其他位置的大一些，立焊时焊条直径最大不超过 5mm，而仰焊、横焊时焊条直径最大不超过 4mm，这样可形成较小的熔池，减少熔化金属的下淌。

3）焊接层次。在进行多层焊时，如果第一层焊缝所采用的焊条直径过大，会造成因电弧过长而不能焊透，因此，为了防止根部焊不透，对于多层焊的第一层焊道，应采用直径较小的焊条进行焊接，以后各层可以根据焊件厚度，选用较大直径的焊条。

4）接头形式。搭接接头、T形接头因不存在全焊透问题，所以应选用较大的焊条直径，以提高生产率。

（2）电源种类和极性

1）电源种类。用交流电源焊接时，电弧稳定性差。采用直流电源焊接时，电弧稳定，飞溅少，但电弧磁偏吹比交流严重。低氢型焊条稳弧性差，通常必须采用直流电源。用小电流焊接薄板时，也常用直流电源，因为引弧比较容易，电弧比较稳定。

2）极性。极性是指在直流电弧焊或电弧切割时，焊件的极性。焊件与电源输出端正、负极的接法，有正接和反接两种。所谓正接就是焊件接电源正极、电极接电源负极的接线法，正接也称正极性；反接就是焊件接电源负极、电极接电源正极的接线法，反接也称反极性。

极性的选用主要根据焊条的性质和焊件所需的热量来确定。焊条电弧焊时，当阳极和阴极的材料相同时，由于阳极区温度高于阴极区温度，因此使用酸性焊条焊接厚钢板时，可采用直流正接，以获得较大的熔深；而在焊接薄钢板时，则采用直流反接，可防止烧穿。

对于重要焊接结构，使用碱性低氢钠型焊条时，无论焊接厚板或薄板，均应采用直流反接，因为这样可以减少飞溅和气孔，并使电弧稳定燃烧。

（3）焊接电流　焊接时，流经焊接回路的电流称为焊接电流，焊接电流的大小直接影响焊接质量和焊接生产率。增大焊接电流能提高生产率，但电流过大易造成焊缝咬边、烧穿等缺陷，同时增加了金属飞溅，也会使接头的组织产生过热而发生变化，而电流过小也易造成夹渣、未焊透等缺陷，降低焊接接头的力学性能，所以应适当地选择电流。焊接时影响焊接电流的因素很多，如焊条类型、焊条直径、焊件厚度、接头形式、焊缝位置和层数等，其中主要影响因素是焊条直径、焊缝位置、焊条类型、焊接层次。

1）焊条直径。焊条直径越大，熔化焊条所需要的电弧热量越多，焊接电流也越大。碳钢酸性焊条焊接电流大小与焊条直径的关系，一般可根据经验公式来选择，即

$$I_h = (35 \sim 55)d \hspace{3cm} (1-3)$$

式中，I_h是焊接电流（A）；d是焊条直径（mm）。

2）焊缝位置。相同焊条直径的条件下，在焊接平焊缝时，由于运条和控制熔池中的熔化金属都比较容易，因此可以选择较大的电流进行焊接。但在其他位置焊接时，为了避免熔化金属从熔池中流出，要使熔池尽可能小些，通常立焊、横焊的焊接电流比平焊的焊接电流小 10% ~ 15%，仰焊的焊接电流比平焊的焊接电流小 15% ~ 20%。

3）焊条类型。当其他条件相同时，碱性焊条使用的焊接电流应比酸性焊条小 10% ~ 15%，否则焊缝中易形成气孔。不锈钢焊条使用的焊接电流比碳钢焊条小 15% ~ 20%。

4）焊接层次。焊接打底层时，特别是单面焊双面成形时，为保证背面焊缝质量，常采用较小的焊接电流；焊接填充层时，为提高效率，保证熔合良好，常采用较大的焊接电流；焊接盖面层时，为防止咬边和保证焊缝成形，焊接电流应比填充层稍小些。

在实际生产中，一般可根据式（1-3）或表 1-4 先算出大概的焊接电流值，然后在钢板上进行试焊调整，直至确定合适的焊接电流。在试焊过程中，可根据下述几点来判断选择的电流是否合适。

表 1-4　各种焊条直径使用焊接电流参考值

焊条直径/mm	1.6	2.0	2.5	3.2	4.0	5.0	6.0
焊接电流/A	25~40	40~65	50~80	100~130	160~210	200~270	260~300

① 看飞溅。电流过大时，电弧吹力大，可看到较大颗粒的铁液向熔池外飞溅，焊接时爆裂声大；电流过小时，电弧吹力小，熔渣和铁液不易分清。

② 看焊缝成形。电流过大时，熔深大，焊缝余高低，两侧易产生咬边；电流过小时，焊缝窄而高，熔深浅，且两侧与母材金属熔合不好；电流适中时，焊缝两侧与母材金属熔合得很好，呈圆滑过渡。

③ 看焊条熔化状况。电流过大时，当焊条熔化了大半根，可见其余部分均已发红；电流过小时，电弧燃烧不稳定，焊条容易粘在焊件上。

（4）电弧电压　焊条电弧焊的电弧电压主要由电弧长度来决定。电弧长，电弧电压高；电弧短，电弧电压低。焊接时，电弧电压应根据具体情况灵活掌握。在焊接过程中，电弧不宜过长，否则会出现下列几种不良现象：

1）电弧燃烧不稳定，易摆动，电弧热能分散，飞溅增多，会造成金属和电能的浪费。

2）焊缝厚度小，容易产生咬边、未焊透、焊缝表面高低不平、焊波不均匀等缺陷。

3）对熔化金属的保护差，空气中氧、氮等有害气体容易侵入，使焊缝产生气孔的可能性增加，导致焊缝金属的力学性能降低。

因此在焊接时应力求使用短弧焊接，相应的电弧电压为 16~25V。在立焊、仰焊时，弧长应比平焊时更短一些，以利于熔滴过渡，防止熔化金属下淌。碱性焊条焊接时的弧长应比酸性焊条焊接时的弧长短些，以利于电弧的稳定并防止气孔。所谓短弧一般认为是焊条直径的 0.5~1.0 倍。

（5）焊接速度　单位时间内完成的焊缝长度称为焊接速度。焊接速度应该均匀适当，既要保证焊透又要保证不烧穿，同时还要使焊缝宽度和高度符合图样设计要求。

如果焊接速度过慢，使高温停留时间增长，热影响区宽度增加，焊接接头的晶粒变粗，力学性能降低，同时使变形量增大。当焊接较薄焊件时，则易烧穿。如果焊接速度过快，熔池温度不够，易造成未焊透、未熔合、焊缝成形不良等缺陷。

焊接速度直接影响焊接生产率，所以应该在保证焊缝质量的基础上，采用较大的焊条直径和焊接电流，同时根据具体情况适当加快焊接速度，以保证在获得焊缝的高度和宽度一致的条件下，提高焊接生产率。

（6）焊接层数　在中厚板焊接时，一般要开坡口并采用多层多道焊。对于低碳钢和强度等级低的普通低合金高强度钢的多层多道焊，每道焊缝厚度不宜过大，过大时对焊缝金属的塑性不利，因此对质量要求较高的焊缝，每层厚度最好不大于 4~5mm。同样每层焊道厚度不宜过小，过小时焊接层数增多不利于提高劳动生产率，根据实际经验，每层厚度等于焊条直径的 0.8~1.2 倍时，生产率较高，并且比较容易保证质量和便于操作。

3. 焊条电弧焊工艺措施

（1）预热　焊接开始前对焊件的全部（或局部）进行加热的工艺措施称为预热，按照焊接工艺的规定，预热需要达到的温度称为预热温度。

1）预热的作用。预热的主要作用是降低焊后冷却速度，减小淬硬程度，防止产生焊接裂纹，减小焊接应力与变形。对于刚性不大的低碳钢、强度级别较低的低合金钢的一般结构通常不必预热，但焊接有淬硬倾向的焊接性不好的钢材或刚性大的结构时，需要焊前预热。

对于铬镍奥氏体不锈钢，预热可使热影响区在危险温度区的停留时间增加，从而增大腐蚀倾向。因此在焊接铬镍奥氏体不锈钢时，不可进行预热。

2）预热温度的选择。焊件焊接时是否需要预热以及预热温度的选择，应根据钢材的成分、厚度、结构刚性、接头形式、焊接材料、焊接方法及环境因素等综合考虑，并通过焊接性试验来确定。一般钢材的含碳量越多、合金元素越多、母材越厚、结构刚性越大、环境温度越低，则预热温度越高。

在多层多道焊时，还要注意道间（层间）温度。所谓层间温度就是在施焊后继焊道之前，其相邻焊道应保持的温度，层间温度不应低于预热温度。

3）预热方法。预热时的加热范围，对于对接接头每侧加热宽度不得小于板厚的 5 倍，一般在坡口两侧各 75～100mm 范围内应保持一个均热区域，测温点应取在均热区域的边缘。如果采用火焰加热，测温最好在加热面的反面进行。预热的方法有火焰加热、工频感应加热、红外线加热等方法。

（2）后热　焊接后立即对焊件的全部（或局部）进行加热或保温，使其缓冷的工艺措施称为后热，它不等于焊后热处理。

后热的作用是避免形成淬硬组织及使氢逸出焊缝表面，防止裂纹产生。对于冷裂纹倾向性大的低合金高强度钢等材料，还有一种专门的后热工艺，称为消氢处理，即在焊后立即将焊件加热到 250～350℃温度范围，保温 2～6h 后空冷。消氢处理的目的主要是使焊缝金属中的扩散氢加速逸出，大大降低焊缝和热影响区中的氢含量，防止产生冷裂纹。

后热的加热方法、加热区宽度、测温部位等要求与预热相同。

（3）焊后热处理　焊后为改善焊接接头的组织和性能或消除残余应力而进行的热处理，称为焊后热处理。

焊后热处理的主要作用是消除焊接残余应力，软化淬硬部位，改善焊缝和热影响区的组织和性能，提高接头的塑性和韧性，稳定结构的尺寸。

焊后热处理有整体热处理和局部热处理两种，最常用的焊后热处理是在 600～650℃范围内的消除应力退火和低于 Ac_1 的高温回火。另外还有为改善铬镍奥氏体不锈钢抗腐蚀性能的均匀化处理等。

4. 焊条电弧焊的基本操作技术

（1）引弧　电弧焊时，引燃焊接电弧的过程称为引弧。焊条电弧焊通常采用接触引弧法，它是先将焊条与焊件接触形成短路，再拉开焊条引燃电弧的方法。根据操作手法不同，接触引弧法又可分为直击引弧法和划擦引弧法。

直击引弧法是使焊条与焊件表面垂直地接触，当焊条的末端与焊件表面轻轻一碰后，便迅速提起焊条，并保持一定距离而将电弧引燃的方法，如图 1-15a 所示。

划擦引弧法与划火柴有些类似，先将焊条末

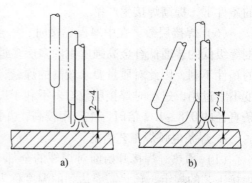

图 1-15　引弧方法
a）直击引弧法　b）划擦引弧法

端对准焊件，然后将焊条在焊件表面划擦一下，当电弧引燃后立即将焊条末端与焊件表面距离保持在 2~4mm，电弧就能稳定地燃烧，如图 1-15b 所示。

以上两种接触式引弧方法中，划擦法比较容易掌握，但在狭小工作面上或不允许焊件表面有划痕时，应采用直击法。在使用碱性焊条时，为防止引弧处出现气孔，宜采用划擦法。引弧的位置应选在焊缝起点前约 10mm 处。引燃后将电弧适当拉长并迅速移到焊缝的起点，同时逐渐将电弧长度调到正常范围。这样做的目的是对焊缝起点处起预热作用，以保证焊缝始端熔深正常，并有消除引弧点气孔的作用。重要的结构往往需增加引弧板。

（2）运条 焊接过程中，焊条相对焊缝所做的各种动作总称为运条。运条包括沿焊条轴线的送进、沿焊缝轴线方向纵向移动和横向摆动三个动作。

1）运条的基本动作。焊条沿轴线向熔池方向送进使焊条熔化后，能继续保持电弧的长度不变，因此要求焊条向熔池方向送进的速度与焊条熔化的速度相等。如果焊条送进的速度小于焊条熔化的速度，则电弧的长度将逐渐增加，易导致断弧；如果焊条送进的速度太快，则电弧长度迅速缩短，焊条末端与焊件接触发生短路，同样会使电弧熄灭。

2）运条方法。

① 直线形运条法。这种运条法常用于 I 形坡口的对接平焊、多层焊的第一层焊道或多层多道焊。

② 直线往复运条法。这种运条法的特点是焊接速度快、焊缝窄、散热快，适用于薄板或接头间隙较大的多层焊第一层焊道。

③ 锯齿形运条法。采用这种运条法焊接时，焊条末端做锯齿形连续摆动和向前移动，并在两边稍停片刻，以防产生咬边。这种方法较易掌握，生产中应用较多。

④ 月牙形运条法。采用这种运条方法焊接时，熔池存在时间长，易于熔渣上浮和气体析出，焊缝质量较高。

⑤ 斜三角形运条法。这种运条方法能够借助焊条的摇动来控制熔化金属，促使焊缝成形良好，适用于 T 形接头的平焊和仰焊以及开有坡口的横焊。

⑥ 正三角形运条法。这种运条方法一次能焊出较厚的焊缝断面，不易夹渣，生产率高，适用于开坡口的对接接头。

⑦ 正圆圈形运条法。采用这种运条方法焊接时，熔池存在时间长，温度高，便于熔渣上浮和气体析出，一般只用于较厚焊件的平焊。

⑧ 斜圆圈形运条法。这种运条方法有利于控制熔池金属不下淌，适用于 T 形接头的平焊和仰焊，对接接头的横焊。

⑨ 8 字形运条法。这种运条方法能保证焊缝边缘得到充分加热，熔化均匀，保证焊透，适用于带有坡口的厚板对接焊。

（3）焊缝的连接 由于焊条长度的限制，焊缝前后两段出现连接接头是不可避免的，但焊缝接头应力求均匀，防止产生过高、脱节、宽窄不一致等缺陷。焊缝的连接有以下四种情况：

1）中间接头。即后焊的焊缝从先焊的焊缝尾部开始焊接。要求在弧坑前约 10mm 附近引弧，电弧长度比正常焊接时略长些，然后回移到弧坑，压低电弧，稍做摆动，再向前正常焊接。这种接头的方法是使用最多的一种，适用于单层焊及多层焊的表层接头。

2）相背接头。即两焊缝起头处相接。要求先焊的焊缝起头处略低些，后焊的焊缝必须在先焊的焊缝始端稍前处引弧，然后稍拉长电弧，将电弧逐渐引向前条焊缝的始端，并覆盖前条焊缝的端头，待焊平后，再向焊接方向移动。

3）相向接头。相向接头是指两条焊缝的收尾相接。当后焊的焊缝焊到先焊的焊缝收尾处时，焊接速度应稍慢些，填满先焊焊缝的弧坑后，以较快的速度再向前焊一段，然后熄弧。

4）分段退焊接头。分段退焊接头是指先焊焊缝的起头和后焊焊缝的收尾相接。要求后焊的焊缝焊至靠近前条焊缝始端时，改变焊条角度，使焊条指向前条焊缝的始端，拉长电弧，待形成熔池后再压低电弧，往回移动，最后返回原来熔池处收弧。

接头连接得平整与否，不仅和焊工操作技术有关，同时还和接头处的温度高低有关。温度越高，接头处越平整，因此中间接头要求电弧中断的时间要短，更换焊条动作要快。多层焊时，层间接头处要错开，以提高焊缝的致密性。除中间焊缝接头焊接时可不清理焊渣外，其余接头连接处必须先将焊渣打掉，必要时还可将接头处先打磨成斜面后再焊接。

（4）焊缝的收尾　焊缝的收尾是指一条焊缝焊完后如何收弧（熄弧）。焊接结束时，如果将电弧突然熄灭，则焊缝表面留有凹陷较深的弧坑，会降低焊缝收尾处的强度，并容易引起弧坑裂纹。过快拉断电弧，金属液中的气体来不及逸出，还容易产生气孔等缺陷。为克服弧坑缺陷，可采用下述方法收尾：

1）反复收尾法。即焊条移到焊缝终点时，在弧坑处反复熄弧、引弧数次，直到填满弧坑为止。这种方法适用于薄板和大电流焊接时的收尾，不适用于碱性焊条焊接。

2）划圈收尾法。即焊条移到焊缝终点时，在弧坑处做圆圈运动，直到填满弧坑再拉断电弧。这种方法适用于厚板。

3）转移收尾法。即焊条移到焊缝终点时，在弧坑处稍作停留，将电弧慢慢拉长，引到焊缝边缘的母材坡口内，这时熔池会逐渐缩小，凝固后一般不出现缺陷。这种方法适用于更换焊条或临时停弧时的收尾。

计 划 单

学习领域	焊接方法与设备		
学习情境 1	压力容器的焊接	学时	64 学时
任务 1.1	法兰盘与 $\phi 400mm$ 接管的焊条电弧焊	学时	20 学时
计划方式	小组讨论		
序号	实施步骤	使用资源	
制订计划说明			
计划评价	评语:		
班级		第 组	组长签字	
教师签字		日期	

决 策 单

学习领域	焊接方法与设备		
学习情境 1	压力容器的焊接	学时	64 学时
任务 1.1	法兰盘与 $\phi 400mm$ 接管的焊条电弧焊	学时	20 学时
	方案讨论	组号	

	组别	步骤顺序性	步骤合理性	实施可操作性	选用工具合理性	方案综合评价
方案决策	1					
	2					
	3					
	4					
	5					
	1					
	2					
	3					
	4					
	5					
	1					
	2					
	3					
	4					
	5					
方案评价	评语:					

班级		组长签字		教师签字		月　日

作 业 单

学习领域	焊接方法与设备		
学习情境 1	压力容器的焊接	学时	64 学时
任务 1.1	法兰盘与 ϕ400mm 接管的焊条电弧焊	学时	20 学时
作业方式	小组分析，个人解答，现场批阅，集体评判		
1	法兰盘与 ϕ400mm 接管的焊条电弧焊焊接方案		

作业评价：

班级		组别		组长签字	
学号		姓名		教师签字	
教师评分		日期			

检 查 单

学习领域	焊接方法与设备			
学习情境 1	压力容器的焊接		学时	64 学时
任务 1.1	法兰盘与 $\phi400mm$ 接管的焊条电弧焊		学时	20 学时
序号	检查项目	检查标准	学生自查	教师检查
1	任务书阅读与分析能力，正确理解及描述目标要求	准确理解任务要求		
2	与同组同学协商，确定人员分工	较强的团队协作能力		
3	查阅资料能力，市场调研能力	较强的资料检索能力和市场调研能力		
4	资料的阅读、分析和归纳能力	较强的分析报告撰写能力		
5	编制方案的能力	焊接方案的完整程度		
6	安全生产与环保	符合"5S"要求		
7	方案缺陷的分析诊断能力	缺陷处理得当		
8	焊缝的质量	焊缝质量要求		
检查评语	评语：			
班级		组别		组长签字	
教师签字				日期	

评 价 单

学习领域	焊接方法与设备				
学习情境 1	压力容器的焊接		学时	64 学时	
任务 1.1	法兰盘与 $\phi400mm$ 接管的焊条电弧焊		学时	20 学时	
评价类别	评价项目	子项目	个人评价	组内互评	教师评价
专业能力 （75%）	资讯（10%）	搜集信息（5%）			
		引导问题回答（5%）			
	计划（5%）	计划可执行度（5%）			
	实施（10%）	工作步骤执行（3%）			
		质量管理（3%）			
		安全保护（2%）			
		环境保护（2%）			
	检查（10%）	全面性、准确性（5%）			
		异常情况排除（5%）			
	任务结果（40%）	结果质量（40%）			
方法能力 （15%）	决策、计划能力 （15%）				
社会能力 （10%）	团结协作（5%）				
	敬业精神（5%）				
评价 评语	评语：				
班级		组别	学号	总评	
教师签字		组长签字	日期		

任务 1.2　6mm 厚空气储罐筒体纵缝 CO_2 气体保护焊

任 务 单

学习领域	焊接方法与设备		
学习情境 1	压力容器的焊接	学时	64 学时
任务 1.2	6mm 厚空气储罐筒体纵缝 CO_2 气体保护焊	学时	12 学时
布置任务			
工作目标	收集整理各种压力容器的典型工艺，分析压力容器筒体纵缝的使用要求及技术要求，编制焊接工艺方案，完成焊接工作。		
任务描述	收集整理各种压力容器的典型工艺，总结压力容器筒体纵缝的焊接工艺特点和主要焊接过程；分析压力容器筒体纵缝的使用要求、技术要求及结构特点，确定实施的焊接方法，选择合理的焊接材料、焊接设备及工具，选择合理的接头形式，确定合理的焊接参数；根据分析结果编写焊接方案；依据方案完成焊接工作。		
任务分析	各小组对任务进行分析、讨论： 1）收集整理各种压力容器的典型工艺。 2）分析压力容器筒体纵缝的使用要求、技术要求及结构特点。 3）确定实施的焊接方法，选择合理的焊接材料、焊接设备及工具，选择合理的接头形式，确定合理的焊接参数。 4）编制 6mm 厚空气储罐筒体纵缝 CO_2 气体保护焊焊接方案并焊接。		
学时安排	资讯　计划　决策　实施　检查　评价 1 学时　1.5 学时　1.5 学时　6 学时　1 学时　1 学时		
提供资料	1）国际焊接工程师培训教程，2013。 2）焊接方法与设备，雷世明，机械工业出版社。 3）电焊工工艺与操作技术，周岐，机械工业出版社。 4）焊接方法与设备，陈淑惠，高等教育出版社。		
对学生 的要求	1）能对任务书进行分析，能正确理解和描述目标要求。 2）具有独立思考、善于提问的学习习惯。 3）具有查询资料和市场调研能力，具备严谨求实和开拓创新的学习态度。 4）能执行企业"5S"质量管理体系要求，具有良好的职业意识和社会能力。 5）具备一定的观察理解和判断分析能力。 6）具有团队协作、爱岗敬业的精神。 7）具有一定的创新思维和勇于创新的精神。		

学习领域	焊接方法与设备		
学习情境1	压力容器的焊接	学时	64 学时
任务 1.2	6mm 厚空气储罐筒体纵缝 CO_2 气体保护焊	学时	12 学时
资讯方式	实物、参考资料		
资讯问题	1）CO_2 气体保护焊的特点是什么？ 2）CO_2 气体保护焊的应用有哪些？ 3）CO_2 气体保护焊的设备有哪些？ 4）CO_2 气体保护焊产生气孔的种类及解决措施有哪些？ 5）CO_2 气体保护焊飞溅产生的原因及防止措施有哪些？ 6）CO_2 气体保护焊的焊接材料有哪些？ 7）CO_2 气体保护焊短路过渡的工艺特点有哪些？ 8）CO_2 气体保护焊细滴过渡的工艺特点有哪些？ 9）薄壁压力容器筒体纵缝的焊接工艺有哪些特点？		
资讯引导	问题 1 可参考信息单 1.2.1。 问题 2 可参考信息单 1.2.1。 问题 3 可参考信息单 1.2.2。 问题 4 可参考信息单 1.2.3。 问题 5 可参考信息单 1.2.3。 问题 6 可参考信息单 1.2.3。 问题 7 可参考信息单 1.2.4。 问题 8 可参考信息单 1.2.4。 问题 9 可参考压力容器焊接工艺文件。		

信 息 单

1.2.1 CO₂气体保护焊的原理及特点

1. CO₂气体保护焊的原理

CO₂气体保护焊是利用 CO_2 作为保护气体的一种熔化极气体保护焊方法，简称 CO_2 焊。其工作原理如图 1-16 所示，电源的两输出端分别接在焊枪和焊件上。盘状焊丝由送丝机构带动，经软管和导电嘴不断地向电弧区域送给；同时，CO_2 气体以一定的压力和流量送入焊枪，通过喷嘴后，形成一股保护气流，使熔池和电弧不受空气的侵入。随着焊枪的移动，熔池金属冷却凝固而形成焊缝，从而将焊件连成一体。

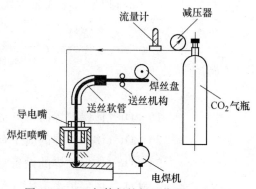

图 1-16 CO₂气体保护焊工作原理示意图

氩气、氦气等惰性气体既不和金属发生化学反应，也不溶于金属，能起到良好的保护作用，而 CO_2 则是一种氧化性气体，特别是在高温作用下具有强烈的氧化性，但 CO_2 气体价格低廉，供应充足。虽然它有强烈的氧化作用，但氧化了的熔化金属比较容易脱氧；另一方面，较强的氧化性能够抑制焊缝中氢的存在，防止产生氢气孔和裂纹；而且 CO_2 良好的保护作用，还能有效地防止空气中 N_2 对熔滴及熔池金属的有害作用，这一点是很可贵的，因为金属一旦被氮化，便难以脱氮。

2. CO₂焊的分类

CO₂焊按所用的焊丝直径不同，可分为细丝 CO_2 焊（焊丝直径≤1.6mm）及粗丝 CO_2 焊（焊丝直径 >1.6mm）。由于细丝 CO_2 焊工艺比较成熟，因此应用最广。

CO₂焊按操作方式不同又可分为 CO_2 半自动焊和 CO_2 自动焊，其主要区别在于：CO_2 半自动焊用手工操作焊枪完成电弧热源移动，而送丝、送气等同 CO_2 自动焊一样，由相应的机械装置来完成。CO_2 半自动焊的机动性较大，适用于不规则或较短的焊缝；CO_2 自动焊主要用于较长的直线焊缝和环形焊缝等。

3. CO₂焊的特点

（1）优点

1）焊接成本低。CO_2 气体来源广，价格便宜，而且电能消耗少，故使焊接成本降低。通常 CO_2 焊的成本只有埋弧焊或焊条电弧焊的 40% ~50%。

2）焊接生产率高。由于焊接电流密度较大，电弧热量利用率较高，以及焊后不需清渣，因此提高了生产率。CO_2 焊的生产率比普通的焊条电弧焊高 2~4 倍。

3）焊接质量较高。对铁锈敏感性小，焊缝含氢量少，抗裂性能好。

4）焊接变形和焊接应力小。由于电弧加热集中，焊件受热面积小，同时 CO_2 气流有较强的冷却作用，所以焊接变形和应力小，特别适宜于薄板焊接。

5）操作简便。焊后不需清渣，且是明弧，便于监控，有利于实现机械化和自动化焊接。

6）适用范围广。可实现全位置焊接，并且薄板、中厚板甚至厚板都能焊接。

（2）缺点

1）飞溅率较大，并且焊缝表面成形较差。金属飞溅是 CO_2 焊中较为突出的问题，属于主要缺点。

2）很难用交流电源进行焊接，焊接设备比较复杂。

3）抗风能力差，给室外作业带来一定困难。

4）不能焊接容易氧化的有色金属。

CO_2 焊的缺点可以通过提高技术水平和改进焊接材料、焊接设备加以解决，而其优点却是其他焊接方法所不能比的。因此，可以认为 CO_2 焊是一种高效率、低成本的节能焊接方法。

4. CO_2 焊的应用

CO_2 焊主要用于焊接低碳钢及低合金钢等黑色金属。对于不锈钢，由于焊缝金属有增碳现象，影响抗晶间腐蚀性能，所以只能用于对焊缝性能要求不高的不锈钢焊件。此外，CO_2 焊还可用于耐磨零件的堆焊、铸钢件的焊补以及电铆焊等方面。目前，CO_2 焊已在汽车制造、机车和车辆制造、化工机械、农业机械、矿山机械等领域得到了广泛的应用。

1.2.2 CO_2 焊设备

CO_2 焊所用的设备有半自动 CO_2 焊设备和自动 CO_2 焊设备两类。在实际生产中，半自动 CO_2 焊设备使用较多。

1. CO_2 焊设备的组成和作用

半自动 CO_2 焊设备由焊接电源、送丝机构、焊枪、供气系统、冷却水循环装置及控制系统等几部分组成，如图 1-17 所示。自动 CO_2 焊设备除上述几部分外还有焊车行走机构。

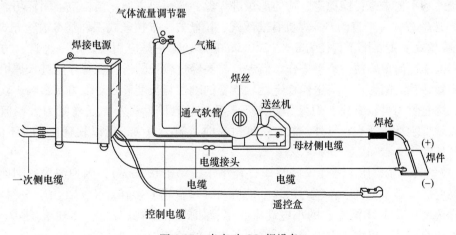

图 1-17　半自动 CO_2 焊设备

2. 焊接电源

CO_2 焊一般采用直流电源且反极性连接。一般细焊丝采用等速送丝式焊机，配合平特性电源。粗焊丝采用变速送丝式焊机，配合下降特性电源。

（1）平特性电源　细焊丝 CO_2 焊的熔滴过渡一般为短路过渡过程，送丝速度快，宜采用等速送丝式焊机配合平特性电源。实际上用于 CO_2 焊的平特性电源，其外特性都有一些缓降，其缓降度一般不大于4V/100A。采用平特性电源具有以下优点：

1）电弧燃烧稳定。在等速送丝条件下，平特性电源的电弧自身调节灵敏度较高。可以依靠弧长变化来引起电流的变化，依靠电弧自身调节作用使电弧燃烧稳定。

2）焊接参数调节方便。可以对焊接电压和焊接电流分别进行调节，通过改变电源外特性调节电弧电压，通过改变送丝速度调节焊接电流，两者之间相互影响不大。

3）可避免焊丝回烧。电弧回烧时，随着电弧拉长，电流很快减小，使得电弧在未回烧到导电嘴前已熄灭。

（2）下降特性电源　粗丝CO_2焊的熔滴过渡一般为细滴过渡过程。宜采用变速送丝式焊机，配合下降的外特性电源。此时CO_2焊接参数的调节，往往因为电源外特性的陡降程度不同要进行两次或三次调节。例如，先调节电源外特性粗略确定焊接电流，但调节电弧电压时，电流又有变化，所以要反复调节，最后达到要求的焊接参数。

（3）电源动特性　电源动特性是衡量焊接电源在电弧负载发生变化时，供电参数（电流及电压）的动态响应品质。电源良好的动特性是焊接过程稳定的重要保证。

粗焊丝细滴过渡时，焊接电流的变化比较小，所以对焊接电源的动特性要求不高。

细焊丝短路过渡时，因为焊接电流不断地发生较大的变化，所以对焊接电源的动特性有较高的要求。具体包括三个方面：①合适的短路电流增长速度；②适当的短路电流峰值；③电弧电压恢复速度。对以上三个方面，不同的焊丝、不同的焊接参数，有不同的要求。因此要求电源设备兼顾这三方面的适应能力。

3. 送丝系统

根据使用焊丝直径的不同，送丝系统可分为等速送丝式和变速送丝式，通常焊丝直径大于或等于3mm时采用变速送丝式，焊丝直径小于或等于2.4mm时采用等速送丝式。对等速送丝系统的基本要求是：能稳定、均匀地送进焊丝，调速要方便，结构应牢固轻巧。

（1）送丝方式　半自动CO_2焊机有推丝式、拉丝式、推拉丝式三种基本送丝方式。

1）推丝式。主要用于直径为0.8~2.0mm的焊丝，它是应用最广的一种送丝方式。其特点是焊枪结构简单轻便，易于操作，但焊丝需要经过较长的送丝软管才能进入焊枪，焊丝在软管中受到较大阻力，影响送丝稳定性。软管的刚性与长度等皆对阻力有影响，软管的刚性过大，送丝阻力可以减小，但操作起来不灵便；软管刚性过小，送丝阻力大，但操作灵活，所以软管刚性应适当。另外，软管长度过长时，阻力也大，所以软管长度也不应过长，一般软管长度为3~5m。

2）拉丝式。主要用于细焊丝（焊丝直径小于或等于0.8mm），因为细焊丝刚性小，推丝过程易变形，难以推丝。拉丝时送丝电动机与焊丝盘均安装在焊枪上，由于送丝力较小，所以常常选用功率为10W左右的小电动机。尽管如此，拉丝式焊枪仍然较重。拉丝式虽保证了送丝的稳定性，但由于焊枪较重，增加了焊工的劳动强度。

3）推拉丝式。可以扩大焊工的工作范围，克服了使用推丝式焊枪操作范围小的缺点，送丝软管可以加长到10m，除推丝机外，还在焊枪上加装了拉丝机。这种情况下，推丝是主要动力，而拉丝机只是将焊丝拉直，以减小推丝阻力。推力与拉力必须很好地配合，通常拉丝速度应稍快于推丝。这种方式虽有一些优点，但由于结构复杂，调整麻烦，同时焊枪较重，因此实际应用并不多。

加长推丝式可以满足焊工在更大范围内工作的需要。这时送丝软管可以加长到20m，主推丝机安装在焊机附近，而辅推丝机放置在焊接施工处，两者之间距离为 10 ~ 20m，焊丝从辅推丝机送出后仍有 3 ~ 5m 的活动范围。这种方式不但可以加长送丝距离，还能减轻工人的劳动强度。

（2）送丝机构　送丝机构由送丝电动机、减速装置、送丝滚轮和压紧机构等组成。送丝电动机一般采用他励直流伺服电动机。选用伺服电动机时，因其转速较低，所以减速装置只需一级蜗轮蜗杆和一级齿轮传动。其传动比应根据电动机的转速、送丝滚轮直径和所要求的送丝速度来确定。送丝速度一般应在 2 ~ 16m/min 范围内均匀调节。为保证均匀、可靠地送丝，送丝轮表面应加工出 V 形槽，滚轮的传动形式有单主动轮传动和双主动轮传动。送丝机构工作前要仔细调节压紧轮的压力，若压紧力过小，滚轮与焊丝间的摩擦力太小，如果送丝阻力稍有增大，滚轮与焊丝间便打滑，致使送丝不均匀。若压紧力过大，又会在焊丝表面产生很深的压痕或使焊丝变形，使送丝阻力增大，甚至造成导电嘴内壁的磨损。

（3）调速器　调速器用于调节送丝速度。一般采用改变送丝电动机电枢电压的方法，实现送丝速度的无级调节。

（4）送丝软管　送丝软管是导送焊丝的通道，要求软管内壁光滑、规整及内径大小要均匀合适，焊丝通过的摩擦阻力小，应具有良好的刚性和弹性。

4. 焊枪

（1）对焊枪的要求　焊枪应起到送气、送丝和导电的作用。对焊枪有下列要求：

1）送丝均匀、导电可靠和气体保护良好。

2）结构简单、经久耐用和维修简便。

3）使用性能良好。

（2）焊枪的类型　焊枪按用途可分为半自动焊枪和自动焊枪。焊接时，由于焊接电流通过导电嘴将产生电阻热和电弧的辐射热，会使焊枪发热，所以焊枪常需冷却，冷却方式有空气冷却和用内循环水冷却两种。焊枪按送丝方式可分为推丝式焊枪和拉丝式焊枪，按结构可分为鹅颈式焊枪和手枪式焊枪。

鹅颈式气冷焊枪应用最广，如图 1-18 所示。手枪式水冷焊枪如图 1-19 所示。

（3）焊枪的喷嘴和导电嘴　喷嘴是焊枪上的重要零件，其作用是向焊接区域输送保护气体，以防止焊丝端头、电弧和熔池与空气接触。喷嘴形状多为圆柱形，也有圆锥形，

图 1-18　鹅颈式气冷焊枪

喷嘴内孔直径与焊接电流大小有关，通常为 12 ~ 24mm。焊接电流较小时，喷嘴直径也小；焊接电流较大时，喷嘴直径也大。为了防止飞溅物的黏附并易清除，焊前最好在喷嘴的内外表面上喷一层防飞溅喷剂或刷硅油。

导电嘴的材料要求导电性良好、耐磨性好和熔点高，一般选用纯铜或陶瓷材料制作，为增加耐磨性也可选用铬锆铜合金。导电嘴孔径的大小对送丝速度和焊丝伸出长度有很大影响。如孔径过大或过小，会造成焊接参数不稳定而影响焊接质量。

喷嘴和导电嘴都是易损件，需要经常更换，所以应便于装拆，并且应结构简单、制造方

便和成本低廉。

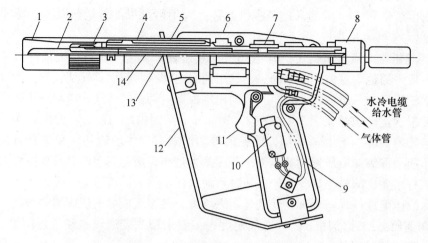

图 1-19　手枪式水冷焊枪的构造

1—喷嘴　2—导电嘴　3—喷管　4—套筒　5—冷却水通路　6—焊枪架　7—焊枪主体装配件　8—螺母
9—控制电缆　10—开关控制杆　11—微型开关　12—防弧盖　13—金属丝通路　14—喷嘴内管

5. 供气系统

供气系统的作用是保证纯度合格的 CO_2 保护气体能以一定的流量均匀地从喷嘴中喷出。它由 CO_2 钢瓶、预热器、干燥器、减压器、流量计及电磁气阀等组成，如图 1-20 所示。

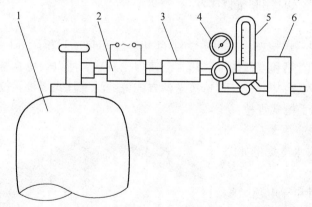

图 1-20　供气系统

1—CO_2 钢瓶　2—预热器　3—干燥器　4—减压器　5—流量计　6—电磁气阀

（1）CO_2 钢瓶　储存液态 CO_2，钢瓶通常漆成铝白色并用黑字写上 CO_2 标志。瓶中有液态 CO_2 时，瓶中压力可达 490 ~ 686MPa。

（2）预热器　由于液态 CO_2 转变成气态时，将吸收大量的热，再经减压后，气体体积膨胀，也会使温度下降。为防止管路冻结，在减压之前要将 CO_2 气体通过预热器进行预热。预热器一般为电阻加热式，采用 36V 交流供电，功率为 100 ~ 150W。

（3）干燥器　干燥器内装有干燥剂，如硅胶、脱水硫酸铜和无水氯化钙等。无水氯化钙的吸水性较好，但它不能重复使用；硅胶和脱水硫酸铜吸水后颜色发生变化，经过加热烘干后还可以重复使用。当 CO_2 气体纯度较高时，不需要干燥。只有当含水量较高时，才需要加装干燥器。

（4）减压器和流量计　减压器的作用是将高压CO_2气体变为低压气体。流量计用于调节并测量CO_2气体的流量。

（5）电磁气阀　它是装在气路上、利用电磁信号控制的气体开关，用来接通或切断保护气体。

1.2.3　CO_2焊的冶金特性和焊接材料

在常温下，CO_2气体的化学性能呈中性，但在电弧高温下，CO_2气体被分解而呈很强的氧化性，能使合金元素氧化烧损，降低焊缝金属的力学性能，还可成为产生气孔和飞溅的根源。因此，CO_2焊的焊接冶金具有特殊性。

1. 合金元素的氧化与脱氧

（1）合金元素氧化　CO_2在电弧高温作用下，易分解为一氧化碳和氧，使电弧气氛具有很强的氧化性。其中CO在焊接条件下不溶于金属，也不与金属发生反应，而原子状态的氧使铁及其他元素迅速氧化，结果使铁、锰、硅等对焊缝有用的元素大量氧化烧损，降低了力学性能。同时溶入金属的FeO与C元素作用产生的CO气体，一方面使熔滴和熔池金属发生爆破，产生大量的飞溅；另一方面结晶时来不及逸出，导致焊缝产生气孔。

（2）脱氧　CO_2焊通常的脱氧方法是采用具有足够脱氧元素的焊丝。常用的脱氧元素是Mn、Si、Al、Ti等。对于低碳钢及低合金钢的焊接，主要采用Mn、Si联合脱氧的方法，因为Mn和Si脱氧后生成的MnO和SiO_2能形成复合物而浮出熔池，形成一层微薄的渣壳覆盖在焊缝表面。

加入到焊丝中的Si和Mn，在焊接过程中一部分直接被氧化和蒸发，一部分耗于FeO的脱氧，剩余的部分则留在焊缝中，起焊缝金属合金化作用，所以焊丝中加入的Si和Mn需要有足够的数量。但是焊丝中Si、Mn的含量过多也不行。Si含量过高会降低焊缝的抗热裂纹能力，Mn含量过高会使焊缝金属的冲击韧度下降。此外，Si和Mn之间的比例还必须适当，否则不能很好地结合成硅酸盐浮出熔池，导致部分MnO和SiO_2夹杂物残留在焊缝中，使焊缝的塑性和冲击韧度下降。

2. CO_2焊的气孔

焊缝金属中产生气孔的根本原因是熔池金属中的气体在冷却结晶过程中来不及逸出造成的。CO_2焊时，熔池表面没有熔渣覆盖，CO_2气流又有冷却作用，因此结晶较快，容易在焊缝中产生气孔。CO_2焊时可能产生的气孔有以下三种。

（1）CO气孔　当焊丝中的脱氧元素不足时，大量的FeO不能还原而溶于金属中，在熔池结晶时所生成的CO气体若来不及逸出，就会在焊缝中形成气孔。这类气孔通常出现在焊缝的根部或近表面的部位，且多呈针尖状。因此，应保证焊丝中含有足够的脱氧元素Mn和Si，并严格限制焊丝中的含碳量，就可以减小产生CO气孔的可能性。CO_2焊时，只要焊丝选择得适当，产生CO气孔的可能性就不大。

（2）氢气孔　氢的来源主要是焊丝、焊件表面的铁锈、水分和油污及CO_2气体中含有的水分。如果熔池金属溶入大量的氢，就可能形成氢气孔。

因此，为防止产生氢气孔，应尽量减少氢的来源，焊前要适当清除焊丝和焊件表面的杂质，并需对CO_2气体进行提纯与干燥处理。此外，由于CO_2焊的保护气体氧化性很强，可减弱氢的不利影响，所以 CO_2 焊时形成氢气孔的可能性较小。

（3）氮气孔　当 CO_2 气流的保护效果不好，如 CO_2 气流量太小、焊接速度过快、喷嘴被飞溅堵塞等，以及 CO_2 气体纯度不高、含有一定量的空气时，空气中的氮就会大量溶入熔池金属内。当熔池金属结晶凝固时，若氮来不及从熔池中逸出，便形成氮气孔。

应当指出，CO_2 焊最常发生的是氮气孔，而氮主要来自于空气。所以必须加强 CO_2 气流的保护效果，这是防止 CO_2 焊的焊缝中产生氮气孔的重要途径。

3. CO_2 焊的飞溅

飞溅是 CO_2 焊的主要缺点，颗粒过渡的飞溅程度要比短路过渡时严重得多。一般金属飞溅损失约占焊丝熔化金属的 10%，严重时可达 30% ~ 40%，在最佳情况下，飞溅损失可控制在 2% ~ 4% 的范围内。

（1）CO_2 焊飞溅造成的有害影响

1）CO_2 焊时，飞溅增大，会降低焊丝的熔敷系数，从而增加焊丝及电能的消耗，降低焊接生产率和增加焊接成本。

2）飞溅金属黏着到导电嘴端面和喷嘴内壁上，会使送丝不畅而影响电弧稳定性，或者降低保护气的保护作用，容易使焊缝产生气孔，影响焊缝质量。并且飞溅金属黏着到导电嘴、喷嘴、焊缝及焊件表面上，需焊后进行清理，这就增加了焊接的辅助工时。

3）焊接过程中飞溅的金属还容易烧坏焊工的工作服，甚至烫伤皮肤，恶化劳动条件。

（2）CO_2 焊产生飞溅的原因

1）由冶金反应引起的飞溅。这种飞溅主要由 CO 气体造成。焊接过程中，熔滴和熔池中的碳氧化成 CO，CO 在电弧高温作用下体积急速膨胀，压力迅速增大，使熔滴和熔池金属产生爆破，从而产生大量飞溅。减少这种飞溅的方法是采用含有锰硅脱氧元素的焊丝，并降低焊丝中的含碳量。

2）由电弧斑点力而引起的飞溅。因 CO_2 气体高温分解吸收大量电弧热量，对电弧的冷却作用较强，使电弧电场强度提高，电弧收缩，弧根面积减小，增大了电弧的斑点力，熔滴在斑点力的作用下十分不稳定，形成飞溅。采用直流正接法时，熔滴受斑点力大，飞溅也大。

3）熔滴短路时引起的飞溅。这种飞溅发生在短路过渡过程中，当焊接电源的动特性不好时，则更显得严重。当熔滴与熔池接触时，若短路电流增长速度过快，或者短路最大电流值过大时，会使缩颈处的液态金属发生爆破，产生较多的细颗粒飞溅；若短路电流增长速度过慢，则短路电流不能及时增大到要求的电流值，此时，缩颈处就不能迅速断裂，使伸出导电嘴的焊丝在电阻热的长时间加热下成段软化和断落，并伴随着较多的大颗粒飞溅。减少这种飞溅的主要方法是通过调节焊接回路中的电感来调节短路电流增长速度。

4）非轴向颗粒过渡造成的飞溅。这种飞溅是在颗粒过渡时由于电弧的斥力作用而产生的。在斑点力和弧柱气流压力的共同作用下，熔滴被推到焊丝端部的一边，并抛到熔池外面去，产生大颗粒飞溅。

5）焊接参数选择不当引起的飞溅。这种飞溅是因焊接电流、电弧电压和回路电感等焊接参数选择不当而引起的。例如，随着电弧电压的增加，电弧拉长，熔滴易长大，且在焊丝末端产生无规则摆动，致使飞溅增大。焊接电流增大，熔滴体积变小，熔敷率增大，飞溅减少。因此必须正确地选择 CO_2 焊的焊接参数，才能减少产生这种飞溅的可能性。

（3）减少金属飞溅的措施

1）正确选择焊接参数。

① 焊接电流与电弧电压。CO_2焊时，在短路过渡区飞溅率较小，细滴过渡区飞溅率也较小，而混合过渡区飞溅率最大。在选择焊接电流时应尽可能避开飞溅率高的混合过渡区。电弧电压则应与焊接电流匹配。

② 焊丝伸出长度。一般焊丝伸出长度越长，飞溅率越高。所以在保证不堵塞喷嘴的情况下，应尽可能缩短焊丝伸出长度。

③ 焊枪角度。焊枪垂直时飞溅量最少，倾斜角度越大，飞溅越多。焊枪前倾或后倾最好不超过20°。

2）细滴过渡时在CO_2中加入氩气。CO_2气体的物理性质决定了电弧的斑点力较大，这是CO_2焊产生飞溅的最主要原因。在CO_2气体中加入氩气后，改变了纯CO_2气体的物理性质。随着氩气比例增大，飞溅逐渐减少。混合气体的成本虽然比纯CO_2气体高，但可从材料损失降低和节省清理飞溅的辅助时间上得到补偿。所以采用$CO_2 + Ar$混合气体，总成本还有减少的趋势。另外，采用$CO_2 + Ar$混合气体的焊缝金属的低温韧性也比采用纯CO_2气体时的好。

3）短路过渡时限制金属液桥爆断能量。短路过渡时，当熔滴与熔池接触形成短路后，如果短路电流的增长速度过快，使液桥金属迅速地加热，造成了热量的聚集，将导致金属液桥爆裂而产生飞溅。因此必须设法使短路液桥的金属过渡趋于平缓。目前具体的方法有如下几种：

① 电流切换法。在每个熔滴过渡过程中，液桥缩颈达到临界尺寸之前，允许短路电流有较大的自然增长，以产生足够的电磁收缩力；一旦缩颈尺寸达到临界值，便立即进行电流切换，迅速将电流从高值切换到低值，使液桥缩颈在小电流下爆断，就消除了液桥爆断产生飞溅的因素。

② 电流波形控制法。通过控制电流的波形，使金属液桥在较低的电流时断开，液桥断开、电弧再引燃后，立即施加电流脉冲，增加电弧热能，使熔化金属的温度提高。即在临近短路时，由高值电流改变成低值电流，短路时的电流值较低，但处于高温状态的熔滴形成的短路液桥温度较高，很容易发生流动，再施加很少的能量就能实现金属的过渡与爆断，从而限制了金属液桥爆断的能量，因此能够降低金属飞溅。电流波形控制法的缺点是设备复杂。

③ 在焊接回路中串接附加电感。电感越大，短路电流增长速度越小。焊丝直径不同，串接相同的电感时，短路电流增长速度不同。焊丝直径粗，短路电流增长速度大；焊丝直径细，短路电流增长速度小。短路电流增长速度应与焊丝的最佳短路频率相适应，细焊丝熔化快，熔滴过渡的周期短，因此需要较大的电流增长速度，要求串接的附加电感较小。粗焊丝熔化慢，熔滴过渡的周期长，则要求较小的电流增长速度，应串接较大的附加电感。通常，焊接回路内的电感在$0 \sim 0.2mH$范围内变化时，对短路电流上升速度的影响最明显。这种方法的优点是设备简单，效果明显。其缺点是控制不够精确，适量调整不易，因而只能在一定程度上减少飞溅。

4）采用低飞溅率焊丝。

① 药芯焊丝。由于熔滴及熔池表面有熔渣覆盖，并且药芯成分中有稳弧剂，因此电弧稳定，飞溅少。通常药芯焊丝CO_2焊的飞溅率约为实芯焊丝的1/3。

② 超低碳焊丝。在短路过渡或细滴过渡的 CO_2 焊中，采用超低碳的合金钢焊丝，能够减少由 CO 气体引起的飞溅。

③ 活化处理焊丝。在焊丝的表面涂有极薄的活化涂料，采用直流正极性焊接。活化涂料能提高焊丝金属发射电子的能力，从而改善 CO_2 电弧的特性，使飞溅大大减少。但由于这种焊丝储存、使用比较困难，所以应用还不广泛。

4. CO_2 气体和焊丝

（1） CO_2 气体　焊接用的 CO_2 一般是将其压缩成液体储存于钢瓶内。CO_2 气瓶的容量为40L，可装 25kg 的液态 CO_2，占容积的 80%，满瓶压力为 5～7MPa，气瓶外表涂铝白色，并标有黑色"液化二氧化碳"的字样。

液态 CO_2 在常温下容易汽化。溶于液态 CO_2 中的水分，易蒸发成水汽混入 CO_2 气体中，影响 CO_2 气体的纯度。气瓶内汽化的 CO_2 气体中的含水量与瓶内的压力有关，随着使用时间的增长，瓶内压力降低，水汽增多。当压力降低到 0.98MPa 时，CO_2 气体中的含水量大为增加，不能继续使用。

焊接用 CO_2 气体的纯度应大于 99.5%，水的体积分数不超过 0.05%，否则会降低焊缝的力学性能，焊缝也易产生气孔。如果 CO_2 气体的纯度达不到标准，可进行提纯处理。

生产中提高 CO_2 气体纯度的措施有以下几种：

1） 正置放气。更换新气前，先将 CO_2 气瓶正置 2h，打开阀门放气 2～3 min，以排出混入瓶内的空气和水分。

2） 倒置排水。将 CO_2 气瓶倒置 1～2h，使水分下沉，然后打开阀门放水 2～3 次，每次放水间隔 30min。

3） 使用干燥器。在 CO_2 气路中串接几个过滤式干燥器，用以干燥含水较多的 CO_2 气体。

4） 洗瓶后应该用热空气吹干。因为洗瓶后在钢瓶中往往会残留较多的自由状态水。

（2） 焊丝

1） 对焊丝的要求。

① CO_2 焊焊丝必须比母材含有更多的 Mn 和 Si 等脱氧元素，以防止焊缝产生气孔，减少飞溅，保证焊缝金属具有足够的力学性能。

② 限制焊丝中碳的质量分数在 0.10% 以下，并控制 S、P 含量。

③ 焊丝表面镀铜，可防止生锈，有利于保存，并可改善焊丝的导电性及送丝的稳定性。

2） 焊丝牌号和化学成分。目前我国 CO_2 焊用的主要焊丝品种是 H08Mn2Si 类型，牌号中带有 A 符号的为优质焊丝，其杂质 S 和 P 的含量限制得比较严格。

焊丝 H08Mn2Si 采取 Si、Mn 联合脱氧，具有很好的抗气孔能力。Si 和 Mn 元素也起合金化的作用，使焊缝金属具有较高的力学性能。此外，焊丝中碳的质量分数限制在 0.11% 以下，有利于减少焊接时的飞溅。

1.2.4　CO_2 焊工艺

在 CO_2 焊中，为了获得稳定的焊接过程，熔滴过渡通常有两种形式，即短路过渡和细滴过渡。短路过渡焊接在我国应用最为广泛。

1. 短路过渡 CO_2 焊工艺

（1） 短路过渡焊接的特点　短路过渡时，采用细焊丝、低电压和小电流，熔滴细小而过渡频率高，电弧非常稳定，飞溅小，焊缝成形美观。这种方法主要用于焊接薄板及全位置焊接。焊接薄板时，生产率高、变形小，焊接操作容易掌握，对焊工技术水平要求不高。因而短路过渡的 CO_2 焊易于在生产中得到推广应用。

（2）焊接参数的选择　主要的焊接参数有：焊接电流、电弧电压、焊丝直径、焊接速度、焊丝伸出长度、保护气体流量、电感及电源极性等。

1）焊接电流。焊接电流是重要的焊接参数，是决定焊缝厚度的主要因素。电流大小主要取决于送丝速度。随着送丝速度的增加，焊接电流也增加，大致成正比关系。焊接电流的大小还与焊丝伸出长度及焊丝直径等有关。短路过渡形式焊接时，由于使用的焊接电流较小，因而飞溅较小，焊缝厚度较浅。

2）电弧电压。短路过渡的电弧电压一般在 17～25V 之间。因为短路过渡只有在较低的弧长情况下才能实现，所以电弧电压是一个非常关键的焊接参数。如果电弧电压选得过高（如大于 29 V），则无论其他参数如何选择，都不能得到稳定的短路过渡过程。电弧电压的选择与焊丝直径及焊接电流有关，它们之间存在着协调匹配的关系。

3）焊丝直径。短路过渡焊接采用细焊丝，常用焊丝直径为 0.6～1.6mm，随着焊丝直径的增大，飞溅颗粒相应增大。焊丝的熔化速度随焊接电流的增加而增加，在相同电流下焊丝越细，其熔化速度越高。在细焊丝焊接时，若使用过大的电流，也就是使用很大的送丝速度，将引起熔池翻腾和焊缝成形恶化。因此各种直径焊丝的最大电流要有一定的限制。

4）焊接速度。焊接速度对焊缝成形、接头的力学性能及气孔等缺陷的产生都有影响。在焊接电流和电弧电压一定的情况下，焊速过快时，会在焊趾部出现咬肉，甚至出现驼峰焊道。相反，速度过慢时，焊道变宽，在焊趾部会出现满溢。

5）焊丝伸出长度。短路过渡焊接时采用的焊丝都比较细，因此焊丝伸出长度对焊丝熔化速度的影响很大。在焊接电流相同时，随着伸出长度增加，焊丝熔化速度也增加。换句话说，当送丝速度不变时，伸出长度越大，则电流越小，将使熔滴与熔池温度降低，造成热量不足，从而引起未焊透。对于直径越细、电阻率越大的焊丝，这种影响越大。

另外，伸出长度太大，电弧不稳，难以操作；同时飞溅较大，焊缝成形恶化，甚至破坏保护而产生气孔。相反，焊丝伸出长度过小时，会缩短喷嘴与焊件间的距离，飞溅金属容易堵塞喷嘴；同时，还妨碍观察电弧，影响焊工操作。

适宜的焊丝伸出长度与焊丝直径有关，焊丝伸出长度大约等于焊丝直径的 10 倍。

6）保护气体流量。气体保护焊时，保护效果不好将产生气孔，甚至使焊缝成形变坏。在正常焊接情况下，保护气体流量与焊接电流有关，在 200A 以下的薄板焊接时气体流量为 10～15L/min，在 200A 以上的厚板焊接时气体流量为 15～25L/min。

影响气体保护效果的主要因素是保护气体流量不足，喷嘴高度过大，喷嘴上附着大量飞溅物和强风。特别是强风的影响十分显著，在强风的作用下，保护气流被吹散，使得熔池、电弧甚至焊丝端头暴露在空气中，破坏保护效果。

7）电感。短路过渡焊接时，串接电感的作用主要有两方面：

① 调节短路电流增长速度。短路电流的增长速度过小，会产生大颗粒飞溅，甚至使焊丝成段爆断而造成电弧熄灭；增长速度过大，则产生大量小颗粒的金属飞溅。焊接回路内的电感在 0～0.2mH 范围内调节时，对短路电流上升速度的影响特别显著。

② 调节电弧燃烧时间，控制母材熔深。在短路过渡的一个周期中，短路期间短路电流

的能量大部分加到焊丝伸出部分，只有电弧燃烧时电弧的大部分热量才输入焊件，形成一定的熔深。未加电感时，电弧燃烧时间很短。加入电感后，电弧燃烧时间加长。一般说来，短路频率高的电弧，其燃烧时间很短，因此熔深小。适当增大电感，虽然频率降低，但电弧燃烧时间增加，从而增大了母材熔深。所以调节焊接回路中的电感，可以调节电弧的燃烧时间，从而控制母材的熔深。

在某些工厂中，由于焊接电缆比较长，常常将一部分电缆盘绕起来。必须注意，这相当于在焊接回路中串入了一个附加电感，由于回路电感的改变，使飞溅情况、母材熔深都将发生变化。因此，焊接过程正常后，电缆盘绕的圈数就不宜变动。另外，在焊接回路中串接电抗器，还可以起滤波作用，可以使整流后的电压和电流波形脉动小一些。

8）电源极性。CO_2 焊一般都采用直流反极性。这时电弧稳定，飞溅小，焊缝成形好，并且焊缝熔深大，生产率高。而正极性时，在相同电流下，焊丝熔化速度大大提高，大约为反极性时的 1.6 倍，而熔深较浅，余高较大且飞溅很大。只有在堆焊及铸铁补焊时才采用正极性，以提高熔敷速度。

2. 细滴过渡 CO_2 焊工艺

（1）特点　细滴过渡 CO_2 焊的特点是电弧电压比较高，焊接电流比较大。此时电弧是持续的，不发生短路熄弧的现象。焊丝的熔化金属以细滴形式进行过渡，所以电弧穿透力强，母材熔深大。适用于中等厚度及大厚度焊件的焊接。

（2）焊接参数选择

1）电弧电压与焊接电流。为了实现滴状过渡，电弧电压必须在 34～45V 范围内。焊接电流则根据焊丝直径来选择。对应于不同的焊丝直径，实现细滴过渡的焊接电流下限是不同的。表1-5 列出了几种常用焊丝直径的电流下限及电压范围。

表1-5　细滴过渡的电流下限及电压范围

焊丝直径/mm	电流下限/A	电弧电压/V
1.2	300	
1.6	400	
2.0	500	34～45
3.0	650	
4.0	750	

细滴过渡时也存在着焊接电流与电弧电压的匹配关系。在一定焊丝直径下，选用较大的焊接电流，就要匹配较高的电弧电压。因为随着焊接电流增大，电弧对熔池金属的冲刷作用增加，势必恶化焊缝的成形。只有相应地提高电弧电压，才能减弱这种冲刷作用。

2）焊接速度。细滴过渡 CO_2 焊的焊接速度较高。与同样直径焊丝的埋弧焊相比，焊接速度高 0.5～1 倍。常用的焊接速度为 40～60m/h。

3）保护气体流量。应选用较大的气体流量来保证焊接区的保护效果。保护气体流量通常比短路过渡的 CO_2 焊提高 1～2 倍。常用的气体流量范围为 25～50L/min。

3. CO_2 焊的焊接技术

（1）焊前准备　CO_2 焊时，为了获得最好的焊接质量，除选择合适的焊接设备和焊接参数外，还应做好焊前准备工作。

1）坡口形状。细焊丝短路过渡的CO_2焊主要焊接薄板或中厚板，一般开 I 形坡口。粗焊丝细滴过渡的CO_2焊主要焊接中厚板及厚板，可以开较小的坡口。开坡口不仅是为了熔透，而且要考虑到焊缝成形的形状及熔合比。坡口角度过小易形成指状熔深，在焊缝中心可能产生裂纹。尤其在焊接厚板时，由于拘束应力大，这种倾向很强，必须十分注意。

2）坡口加工方法与清理。加工坡口的方法主要有机械加工、气割和炭弧气刨等。坡口加工精度对焊接质量影响很大。坡口尺寸偏差能造成未焊透和未焊满等缺陷。CO_2焊对坡口加工精度的要求比焊条电弧焊时更高。

焊缝附近有污物时，会严重影响焊接质量。焊前应将坡口周围 10～20mm 范围内的油污、油漆、铁锈、氧化皮及其他污物清除干净。6mm 以下的薄板上的氧化物几乎对质量无影响。而在焊接厚板时，氧化皮能影响电弧稳定性、恶化焊道外观和生成气孔。为了去除氧化皮、水分和油类，目前工厂常用的方法是用氧乙炔焰烘烤。

3）定位焊。定位焊是为了保证坡口尺寸，防止由于焊接所引起的变形。通常CO_2焊与焊条电弧焊相比要求更坚固的定位焊缝。定位焊缝本身易生成气孔和夹渣，它们是随后进行CO_2焊时产生气孔和夹渣的主要原因，所以必须认真地焊接定位焊缝。

焊接薄板时，定位焊缝应该细而短，长度为 3～10mm，间距为 30～50mm。它可以防止变形及焊道不规整。焊接中厚板时，定位焊缝间距较大，达 100～150mm，为增加定位焊缝的强度，应增大定位焊缝长度，一般为 15～50mm。若为熔透焊缝时，点固处难以实现反面成形，应从反面进行点固。

（2）引弧与收弧

1）引弧工艺。半自动CO_2焊时，喷嘴与焊件间的距离不好控制。当焊丝以一定速度冲向焊件表面时，往往把焊枪顶起，结果使焊枪远离焊件，从而破坏了正常保护。所以，焊接时应该注意保持焊枪到焊件的距离。

半自动CO_2焊时，常用的引弧方式是在焊丝端头与焊接处划擦的过程中按焊枪按钮，通常称为"划擦引弧"，这时引弧成功率较高。引弧后必须迅速调整焊枪位置、焊枪角度及导电嘴与焊件间的距离。引弧处由于焊件的温度较低，熔深都比较浅，特别是在短路过渡时容易引起未焊透。为防止产生这种缺陷，可以采取倒退引弧法，如图 1-21 所示，引弧后快速返回焊件端头，再沿焊接方向移动，在焊道重合部分进行摆动，使焊道充分熔合，达到完全消除弧坑。

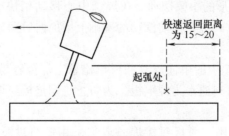

图 1-21　倒退引弧法

2）收弧方法。焊道收尾处往往出现凹陷，称为弧坑。与一般焊条电弧焊相比，CO_2焊采用的焊接电流大，所以弧坑也大。弧坑处易产生火口裂纹及缩孔等缺陷。为此，应设法减小弧坑尺寸。目前主要应用的方法如下：

① 采用带有电流衰减装置的焊机时，填充弧坑电流较小，一般只为焊接电流的 50% ~ 70%，易填满弧坑。最好以短路过渡的方式处理弧坑。这时，沿弧坑的外沿移动焊枪，并逐渐缩小回转半径，直到中间停止。

② 没有电流衰减装置时，在弧坑未完全凝固的情况下，应在其上进行几次断续焊接。这时只是交替按压与释放焊枪按钮，而焊枪在弧坑填满之前始终停留在弧坑上，电弧燃烧时间应逐渐缩短。

③ 使用工艺板，也就是把弧坑引到工艺板上，焊完之后去掉工艺板。

（3）焊道的接头方法　直线焊接时，接头方法是在弧坑稍前（10 ~ 20mm）处引弧，然后将电弧快速移到原焊道的弧坑中心，当熔化金属与原焊缝相连后，再返回向焊接方向移动，如图 1-22 所示。在摆动焊接的情况下，按图 1-22b 所示的①—②—③顺序进行，从②点返回时，先做较小的摆动，不应超出焊缝宽度，随后逐渐地加宽摆幅，达到焊缝宽度。

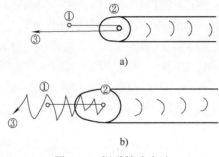

图 1-22　焊道接头方法

（4）平焊的焊接技术

1）单面焊双面成形技术。从正面焊接，同时获得背面成形的焊道称为单面焊双面成形，常用于焊接薄板及厚板的打底焊道。

① 悬空焊接。无垫板的单面焊双面成形对焊工的技术水平要求较高，对坡口精度、装配质量和焊接参数也提出了严格要求。

坡口间隙对单面焊双面成形的影响很大。坡口间隙小时，焊丝应对准熔池的前部，增大穿透能力，使焊缝焊透；坡口间隙大时，为防止烧穿，焊丝应指向熔池中心，并进行适当摆动。坡口间隙为 0.2 ~ 1.4mm 时，一般采用直线式焊接或小幅摆动。当坡口间隙为 1.2 ~ 2.0mm 时，采用月牙形的小幅摆动，在焊缝中心移动稍快些，而在两侧做片刻停留。当坡口间隙更大时，摆动方式应在横向摆动的基础上增加前后摆动，可避免电弧直接对准间隙，防止烧穿。

② 加垫板的焊接。加垫板的单面焊双面成形比悬空焊接容易控制，而且对焊接参数的要求也不十分严格。垫板材料通常为纯铜板，为防止将铜垫板与焊件焊到一起，最好采用水冷铜垫板。

2）对接焊缝的焊接技术。薄板对接焊一般都采用短路过渡，中厚板大都采用细滴过渡。坡口形状可采用 I 形、Y 形、单边 V 形、U 形和 X 形等。通常 CO_2 焊时的钝边较大而坡口角度较小，最小可达 45° 左右。在坡口内焊接时，如果坡口角度较小，熔化金属容易流到电弧前面，引起未焊透，所以在焊接根部焊道时，应该采用右焊法和直线式移动。当坡口角度较大时，应采用左焊法和小幅摆动焊接根部焊道。

计 划 单

学习领域	焊接方法与设备		
学习情境 1	压力容器的焊接	学时	64 学时
任务 1.2	6mm 厚空气储罐筒体纵缝 CO_2 气体保护焊	学时	12 学时
计划方式	小组讨论		
序号	实施步骤	使用资源	
制订计划 说明			
计划评价	评语：		
班级		第 组	组长签字	
教师签字			日期	

决　策　单

学习领域	焊接方法与设备		
学习情境 1	压力容器的焊接	学时	64 学时
任务 1.2	6mm 厚空气储罐筒体纵缝 CO_2 气体保护焊	学时	12 学时
方案讨论		组号	

方案决策	组别	步骤顺序性	步骤合理性	实施可操作性	选用工具合理性	方案综合评价
	1					
	2					
	3					
	4					
	5					
	1					
	2					
	3					
	4					
	5					
	1					
	2					
	3					
	4					
	5					

方案评价	评语：

班级		组长签字		教师签字		月　日

作 业 单

学习领域	焊接方法与设备		
学习情境 1	压力容器的焊接	学时	64 学时
任务 1.2	6mm 厚空气储罐筒体纵缝 CO_2 气体保护焊	学时	12 学时
作业方式	小组分析，个人解答，现场批阅，集体评判		
1	6mm 厚空气储罐筒体纵缝 CO_2 气体保护焊焊接方案		

作业评价：

班级		组别		组长签字	
学号		姓名		教师签字	
教师评分		日期			

检 查 单

学习领域	焊接方法与设备		
学习情境1	压力容器的焊接	学时	64 学时
任务 1.2	6mm 厚空气储罐筒体纵缝 CO_2 气体保护焊	学时	12 学时
序号	检查项目	检查标准	学生自查	教师检查
1	任务书阅读与分析能力，正确理解及描述目标要求	准确理解任务要求		
2	与同组同学协商，确定人员分工	较强的团队协作能力		
3	查阅资料能力，市场调研能力	较强的资料检索能力和市场调研能力		
4	资料的阅读、分析和归纳能力	较强的分析报告撰写能力		
5	编制方案的能力	焊接方案的完整程度		
6	安全生产与环保	符合"5S"要求		
7	方案缺陷的分析诊断能力	缺陷处理得当		
8	焊缝的质量	焊缝质量要求		
检查评语	评语：			

班级		组别		组长签字	
教师签字				日期	

评 价 单

学习领域	焊接方法与设备				
学习情境1	压力容器的焊接		学时	64 学时	
任务1.2	6mm 厚空气储罐筒体纵缝 CO_2 气体保护焊		学时	12 学时	
评价类别	评价项目	子项目	个人评价	组内互评	教师评价
专业能力 （75%）	资讯（10%）	搜集信息（5%）			
		引导问题回答（5%）			
	计划（5%）	计划可执行度（5%）			
	实施（10%）	工作步骤执行（3%）			
		质量管理（3%）			
		安全保护（2%）			
		环境保护（2%）			
	检查（10%）	全面性、准确性（5%）			
		异常情况排除（5%）			
	任务结果（40%）	结果质量（40%）			
方法能力 （15%）	决策、计划能力 （15%）				
社会能力 （10%）	团结协作（5%）				
	敬业精神（5%）				
评价 评语	评语：				

班级		组别		学号		总评	
教师签字			组长签字		日期		

任务 1.3　φ60mm 压力容器接管对接 TIG 焊

任务单

学习领域	焊接方法与设备		
学习情境 1	压力容器的焊接	学时	64 学时
任务 1.3	φ60mm 压力容器接管对接 TIG 焊	学时	12 学时
布置任务			
工作目标	收集整理各种压力容器的典型工艺，分析压力容器接管对接焊缝的使用要求及技术要求，编制焊接工艺方案，完成焊接工作。		
任务描述	收集整理各种压力容器的典型工艺，总结压力容器接管对接焊缝的焊接工艺特点和主要焊接过程；分析压力容器接管对接焊缝的使用要求、技术要求及结构特点，确定实施的焊接方法，选择合理的焊接材料、焊接设备及工具，选择合理的接头形式，确定合理的焊接参数；根据分析结果编写焊接方案；依据方案完成焊接工作。		
任务分析	各小组对任务进行分析、讨论： 1）收集整理各种压力容器的典型工艺。 2）分析压力容器接管对接焊缝的使用要求、技术要求及结构特点。 3）确定实施的焊接方法，选择合理的焊接材料、焊接设备及工具，选择合理的接头形式，确定合理的焊接参数。 4）编制 φ60mm 压力容器接管对接 TIG 焊焊接方案并焊接。		

学时安排	资讯 1 学时	计划 1.5 学时	决策 1.5 学时	实施 6 学时	检查 1 学时	评价 1 学时

提供资料	1）国际焊接工程师培训教程，2013。 2）焊接方法与设备，雷世明，机械工业出版社。 3）电焊工工艺与操作技术，周岐，机械工业出版社。 4）焊接方法与设备，陈淑惠，高等教育出版社。
对学生的要求	1）能对任务书进行分析，能正确理解和描述目标要求。 2）具有独立思考、善于提问的学习习惯。 3）具有查询资料和市场调研能力，具备严谨求实和开拓创新的学习态度。 4）能执行企业"5S"质量管理体系要求，具有良好的职业意识和社会能力。 5）具备一定的观察理解和判断分析能力。 6）具有团队协作、爱岗敬业的精神。 7）具有一定的创新思维和勇于创新的精神。

资　讯　单

学习领域	焊接方法与设备		
学习情境 1	压力容器的焊接	学时	64 学时
任务 1.3	ϕ60mm 压力容器接管对接 TIG 焊	学时	12 学时
资讯方式	实物、参考资料		
资讯问题	1）TIG 焊的原理是什么？ 2）TIG 焊的特点有哪些？ 3）直流 TIG 焊有哪些特性？ 4）交流 TIG 焊有哪些特性？ 5）脉冲 TIG 焊有哪些特性？ 6）TIG 焊的主要设备有哪些？ 7）TIG 焊焊枪的控制系统有哪些要求？ 8）TIG 焊的简单工艺有哪些内容？ 9）压力容器接管对接焊接的特点有哪些？		
资讯引导	问题 1 可参考信息单 1.3.1。 问题 2 可参考信息单 1.3.1。 问题 3 可参考信息单 1.3.2。 问题 4 可参考信息单 1.3.2。 问题 5 可参考信息单 1.3.2。 问题 6 可参考信息单 1.3.3。 问题 7 可参考信息单 1.3.3。 问题 8 可参考信息单 1.3.4。 问题 9 可参考压力容器焊接工艺文件。		

信 息 单

1.3.1 TIG 焊的原理、特点及应用

钨极惰性气体保护电弧焊是指使用纯钨或活化钨做电极的非熔化极惰性气体保护焊方法，简称 TIG 焊（Tungsten Inert Gas Welding）。钨极惰性气体保护焊可用于几乎所有金属及其合金的焊接，可获得高质量的焊缝。但由于其成本较高，生产率低，多用于焊接铝、镁、钛、铜等有色金属及其合金，以及不锈钢、耐热钢等材料。

1. TIG 焊的原理

TIG 焊是利用钨极与焊件之间产生的电弧热，熔化附加的填充焊丝或自动给送的焊丝（也可不加填充焊丝）及基体金属形成熔池而形成焊缝的。焊接时，氩气流从焊枪喷嘴中连续喷出，在电弧区形成严密的保护气层，将电极和金属熔池与空气隔离，以形成优质的焊接接头。TIG 焊工作原理如图 1-23 所示。

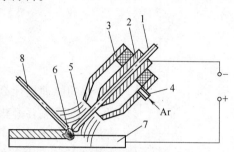

图 1-23   TIG 焊工作原理图
1—电极或焊丝 2—导电嘴 3—喷嘴 4—进气管
5—氩气流 6—电弧 7—工件 8—填充焊丝

2. TIG 焊的分类

TIG 焊按采用的电流种类可分为直流 TIG 焊、交流 TIG 焊和脉冲 TIG 焊等。TIG 焊按其操作方式可分为手工 TIG 焊和自动 TIG 焊。手工 TIG 焊时，焊工一手握焊枪，另一手持焊丝，随焊枪的摆动和前进，逐渐将焊丝填入熔池之中。有时也不加填充焊丝，仅将接口边缘熔化后形成焊缝。自动 TIG 焊是一种以传动机构带动焊枪行走，送丝机构尾随焊枪进行连续送丝的焊接方式。在实际生产中，手工 TIG 焊应用最广。

3. TIG 焊的特点

（1）适应能力强   钨极电弧稳定，即使在很小的焊接电流下也能稳定燃烧；不会产生飞溅，焊缝成形美观；热源和焊丝可分别控制，因而热输入容易调节，特别适合于薄件、超薄件的焊接；可进行各种位置的焊接，易于实现机械化和自动化焊接。

（2）可焊金属多   氩气能有效隔绝焊接区域周围的空气，它本身又不溶于金属，不和金属反应。TIG 焊过程中电弧还有自动清除焊件表面氧化膜的作用。因此，可成功地焊接其他焊接方法不易焊接的易氧化、氮化、化学活泼性强的有色金属、不锈钢和各种合金。

（3）生产成本较高   由于惰性气体较贵，与其他焊接方法相比生产成本高，故主要用于要求较高的产品的焊接。

（4）焊接生产率低   钨极承载电流能力较差，过大的电流会引起钨极熔化和蒸发，其颗粒可能进入熔池，造成夹钨。因而 TIG 焊使用的电流小，焊缝熔深浅，熔敷速度小，生产率低。

4. TIG 焊的应用

TIG 焊几乎可用于所有钢材、有色金属及其合金的焊接，特别适用于化学性质活泼的金属及其合金。常用于不锈钢、铝、镁、钛及其合金，以及难熔的活泼金属和异种金属的焊接。TIG 焊容易控制焊缝成形，容易实现单面焊双面成形，主要用于薄件焊接或厚件的打底焊。脉冲 TIG 焊特别适宜于焊接薄板和全位置管道对接焊。但是，由于钨极的载流能力有

限，电弧功率受到限制，致使焊缝熔深浅，焊接速度低，TIG 焊一般只用于焊接厚度在 6mm 以下的焊件。

1.3.2 TIG 焊的电流和极性

1. 直流 TIG 焊

直流 TIG 焊时，电流极性没有变化，电弧连续而稳定。按电源极性的不同接法，直流 TIG 焊又可分为直流正极性法和直流反极性法两种方法。

（1）直流正极性法 直流正极性法焊接时，焊件接电源正极，钨极接电源负极。由于钨极熔点很高，热发射能力强，电弧中的带电粒子绝大多数是从钨极上以热发射形式产生的电子。这些电子撞击焊件，释放出全部动能和位能（逸出功），产生大量热能加热焊件，从而形成深而窄的焊缝。该方法生产率高，焊件收缩应力和变形小。另一方面，由于钨极上接受正离子撞击时放出的能量比较小，而且由于钨极在发射电子时需要付出大量的逸出功，所以钨极上总的产热量比较小，因而钨极不易过热，烧损少；对于同一焊接电流可以采用直径较小的钨极。再者，由于钨极热发射能力强，采用小直径钨棒时，电流密度大，有利于电弧稳定。

直流正极性法有如下特点：

1）熔池深而窄，焊接生产率高，焊件的收缩应力和变形都小。

2）钨极许用电流大，寿命长。

3）电弧引燃容易，燃烧稳定。

总之，直流正极性法优点较多，所以除铝、镁及其合金的焊接以外，TIG 焊一般都采用直流正极性法焊接。

（2）直流反极性法 直流反极性法焊接时焊件接电源负极，钨极接正极。这时焊件和钨极的导电和产热情况与直流正极性时相反。由于焊件一般熔点较低，电子发射比较困难，往往只能在焊件表面温度较高的阴极斑点处发射电子，而阴极斑点总是出现在电子逸出功较低的氧化膜处。当阴极斑点受到弧柱中正离子流的强烈撞击时，温度很高，氧化膜很快被汽化破碎，显露出纯洁的焊件金属表面，电子发射条件也由此变差。这时阴极斑点就会自动转移到附近有氧化膜存在的地方，这样下去，就会把焊件焊接区表面的氧化膜清除掉，这种现象称为阴极破碎现象。

阴极破碎现象对于表面存在难熔氧化物的金属有特殊的意义，如铝是易氧化的金属，用一般的方法很难去除铝的表面氧化层，焊接过程难以顺利进行。若用直流反极性 TIG 焊则可显著清除氧化膜，使焊缝表面光亮美观，成形良好。

采用直流反极性法时，钨极处于正极，TIG 焊阳极产热量多于阴极，大量电子撞击钨极，放出大量热量，很容易使钨极过热熔化而烧损，因此使用同样直径的电极时，就必须减小许用电流，或者为了满足焊接电流的要求，使用更大直径的电极；另一方面，由于在焊件上放出的热量不多，使焊缝熔深浅，生产率低。所以 TIG 焊中，除了铝、镁及其合金的薄件焊接外，很少采用直流反极性法。

2. 交流 TIG 焊

交流 TIG 焊时，电流极性每半个周期交换一次，因而兼备了直流正极性法和直流反极性法两者的优点。在交流反极性半周里，焊件金属表面的氧化膜会因"阴极破碎"作用而被清除；在交流正极性半周里，钨极又可以得到一定程度的冷却，可减轻钨极烧损，且此时发射电子容易，有利于电弧的稳定燃烧。交流 TIG 焊时，焊缝形状也介于直流正极性与直流反极性之间。

但是，由于交流电弧每秒钟要 100 次过零点，加上交流电弧在正、负半周里导电情况的差别，又出现了交流电弧过零点后复燃困难和焊接回路中产生直流分量的问题。必须采取适当的措施才能保证焊接过程的稳定进行。

(1) 交流 TIG 焊的稳弧措施　交流电流过零点时，电弧熄灭，弧柱温度下降，促进电弧空间带电粒子的复合，电弧空间的电离度随之下降。特别是焊件作为阴极的半周，因电子发射能力较低，电流过零点后电弧的复燃特别困难。为了解决这一问题，必须采取稳弧措施。TIG 焊中常用的稳弧措施如下：

1) 采用高频振荡器稳弧。在交流电流过零点时，加入约 3000V 的高频电压，焊接电源的空载电压只要 65V 左右就可满足稳弧要求，但是由于相位关系不好保持一致，它的工作不够可靠，高频电流还可能以电磁辐射的方式干扰周围的电子设备。因此，这种方法除在引弧时用得较多外，在稳弧方面已逐渐少用。

2) 提高焊接电源的空载电压稳弧。当焊接电源的空载电压提高到 150~220V 时，电流过零点后电弧的复燃就非常容易，这一方法的稳弧效果很好，但变压器的容量要增大很多，因而功率因数低，成本高，也不安全，故较少应用。

3) 采用高压脉冲稳弧。为了避免高频振荡器的缺点，TIG 焊中已广泛采用脉冲引弧、稳弧电路，在交流电流过零点，进入反极性半周瞬间施加 1500V 以上的高压脉冲，帮助电弧复燃。这种方法易保证相位要求，稳弧效果良好。如果将电弧的引燃和过零点复燃都通过高压脉冲来完成，还可以进一步简化焊接设备，完全消除高频振荡器的缺点。

(2) 直流分量及其消除措施　交流 TIG 焊时，由于电极和焊件的电、热物理性能以及几何尺寸等方面存在差异，造成电弧电流在正、负半周不对称。正半周时因为阴极的钨极熔点高，可加热到很高温度，同时钨极的热导率低、尺寸小，因传导而损失的热量少，有利于钨极的热电子发射，所以弧柱的导电性好，电弧电流大而电弧电压低；负半周时的情况恰好相反，作为阴极的焊件熔点低，尺寸大，散热容易，不易加热到较高温度，不利于焊件的电子发射，因而电弧电流小而电弧电压高。同时正、负半周的导电时间也不对称。焊件和电极的热、电物理性能相差越大，这种不对称的现象就越严重，在焊接铝及其合金时这种现象就特别突出。

电流不对称的现象相当于电流由两部分组成，一部分是交流电流，另一部分是叠加在交流部分上的直流电流，后者称为直流分量，它的方向是由焊件流向钨极，相当于在焊接回路中存在一个正极性焊接电源。这种在交流电弧中产生直流分量的现象称为交流 TIG 焊的整流作用。

直流分量的出现首先会使反极性半周的电流幅值减小且作用时间缩短，因而减弱了"阴极破碎"作用；同时直流分量使焊接变压器的工作条件恶化，造成焊接变压器发热，甚至烧毁。因此必须限制或消除直流分量，才能保证焊接过程的顺利进行。在 TIG 焊中，常用以下方法限制或消除直流分量：

1) 在焊接回路中串联电容。这种方法是利用电容器隔直流、通交流的作用来消除直流分量的。电容的大小可按最大焊接电流计算。这种方法能有效地消除直流分量，使用和维护方便，所以得到广泛的应用。但是，如果要通过较大的焊接电流，则需要很大的电容，增加了设备成本。

2）串联直流电源。这种方法将直流电源的负极接焊件，使串接直流电源提供的电流与焊接时的直流分量方向相反，从而抵消直流分量的影响。它的优点是蓄电池容易得到。其缺点是蓄电池的电势是不能任意调节的，因而直流分量就不可能完全消除；另外蓄电池体积大且笨重，还需要经常充电，很不方便。

3）在焊接回路中接入电阻和二极管。二极管的正极与焊件相接，在反极性半周时，电流通过二极管构成回路；而在正极性半周里，二极管截止，电流只能通过电阻流过。由于焊接电流在正、负半周的回路阻抗不一致，减小了正半周电流的幅值，从而达到削弱或消除直流分量的目的。这种方法装置简单、体积小、元件少，消除直流分量的效果也较好。但是，电流经过电阻要消耗掉一部分能量，而且二极管受高频影响容易损坏，因此这种方法在生产中也较少采用。

3. 脉冲 TIG 焊

薄件、超薄件焊接要求较小的焊接电流，但此时电弧不稳定，甚至很难正常焊接。而若采用脉冲 TIG 焊，在脉冲焊接电流期间，电弧稳定，电弧压力大，易使母材熔化，在较低的基值电流期间可维持电弧不灭，使熔池凝固结晶。这样，大、小电流不断交替，既可避免大电流烧穿的现象，又能克服小电流电弧不稳的问题，可保证焊接过程的顺利进行。

脉冲 TIG 焊与一般 TIG 焊的区别在于采用可控的脉冲电流来加热焊件，以较小的基值电流来维持电弧稳定燃烧。当每一次脉冲电流（也称峰值电流）通过时，焊件上就产生一个点状熔池，当脉冲电流停歇时，点状熔池就冷却结晶。因此，只要合理地调节脉冲间歇时间，保证焊点间有一定的重叠量，就可获得一条连续气密的焊缝。

脉冲 TIG 焊有交流、直流之分，而根据波形不同又有矩形波、正弦波以及三角波三种基本波形。无论哪种波形，脉冲 TIG 焊都具有以下的基本特点：

1）电弧压力大、挺度好，可明显地改善电弧的稳定性。在一定范围内，脉冲频率越高，电弧指向性及稳定性也就越好。通常电流密度高，电弧压力大，电弧挺度好，稳定性也好；电流密度低，电弧压力小，指向性不好，电弧不稳定。脉冲 TIG 焊时，电弧电流在峰值、基值间周期性地变化，低电流时的电弧挺度差，不稳定现象可在高电流时得到恢复。脉冲频率增大时，即意味着峰值电流出现的次数增多，使热惯性跟不上电流的变化，故电弧的挺度、稳定性均好于同一平均电流的连续电流。

2）电弧热输入低，裂纹倾向小。采用脉冲电流可减小焊接电流的平均值，获得较低的热输入。焊接过程中熔池金属冷却快，高温停留时间短，可减少热敏感材料焊接时产生裂纹的倾向。

3）可控制对母材的热输入及焊缝成形。通过对脉冲焊接参数的调节可精确控制电弧能量及其分布，从而控制母材的热输入，获得均匀的熔深，使焊缝根部均匀熔透，能很好地实现全位置焊接和单面焊双面成形。

4）脉冲电流对熔池的搅拌作用可改善焊缝组织及外观成形。脉冲 TIG 焊时，电流的变化造成电弧压力的变化，对熔池的搅拌作用增强，使焊缝金属组织细密并有利于消除气孔、咬肉等缺陷。

由于上述特点，使脉冲 TIG 焊特别适用于焊接热敏感性强的金属材料或薄件、超薄件、全位置、窄间隙以及中厚板开坡口多层焊的第一层封底焊。

1.3.3 TIG 焊设备

1. TIG 焊设备的分类及组成

手工 TIG 焊设备包括焊接电源、焊枪、供气系统、冷却系统、控制系统等部分，如图 1-24 所示。自动 TIG 焊设备，除上述几部分外，还有送丝装置及焊接小车行走机构。

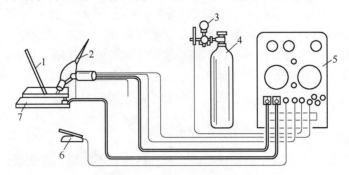

图 1-24 手工 TIG 焊设备

1—填充金属 2—焊枪 3—流量计 4—氩气瓶 5—焊机 6—开关 7—焊件

（1）焊接电源 TIG 设备可以采用直流、交流或矩形波弧焊电源，要求弧焊电源的外特性为陡降或垂直下降外特性，以保证弧长变化时焊接电流的波动较小。直流电源可采用硅弧焊整流器、晶闸管弧焊整流器或弧焊逆变器等；交流电源常采用动圈漏磁式变压器。近年来，在 TIG 焊中逐渐应用矩形波弧焊电源，由于它正、负半波通电时间比和电流比值均可以自由调节，因此用于铝及其合金的 TIG 焊接时，在弧焊工艺上具有电弧稳定，电流过零点时重新引弧容易，不必加稳弧器；通过调节正、负半波通电时间比，在保证阴极破碎作用的条件下增大正极性电流，可获得最佳的熔深，提高生产率和延长钨极的寿命；可不用消除直流分量装置等优点。

（2）焊枪 TIG 焊时，焊枪的作用是夹持电极、导电和输送氩气流。TIG 焊枪分为气冷式焊枪（QQ 系列）和水冷式焊枪（QS 系列）。气冷式焊枪使用方便，但限于小电流（100A）焊接使用，水冷式焊枪适宜大电流和自动焊接使用。气冷式焊枪如图 1-25 所示，水冷式焊枪如图 1-26 所示。

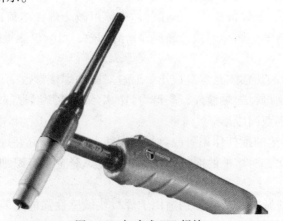

图 1-25 气冷式 TIG 焊枪

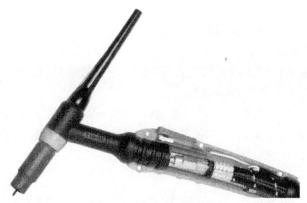

图 1-26　水冷式 TIG 焊枪

焊枪结构设计合理与否，不仅影响焊枪的使用性能，而且影响保护效果和焊缝质量，TIG 焊枪应满足下列要求：

1）能可靠地夹持电极，并具有良好的导电性能。

2）具有良好的冷却性能。

3）可达性好，便于操作。

4）从喷嘴喷出的保护气体具有良好的流态，保护效果可靠。

5）结构简单、重量轻，耐用且维修方便。

（3）电极　TIG 焊工艺中，电极材料对电弧的稳定性和焊缝质量有很大影响。TIG 焊要求电极应满足下列三个条件：

1）电流容量大。当焊接电流超过许用电流时，易使电极端部熔化形成熔珠，熔珠表面上的电弧斑点易受外界因素干扰而游动，使电弧飘荡而不稳定；甚至熔珠落入熔池，影响焊缝质量。因此电极的许用电流要大一些。电极的许用电流与电极材料、电流的种类和极性以及电极伸出长度有关。

2）耐高温，焊接过程中不易损耗。否则，不但降低钨极本身的使用寿命，而且渗入熔池造成焊缝夹钨，严重影响焊缝质量。

3）电子发射能力强，利于引弧及稳弧。电子发射能力与电极材料的逸出功有关，逸出功低的材料发射电子的能力就强，引弧及稳弧性能均好。

常用钨极分为纯钨、钍钨及铈钨等。钍钨及铈钨是在纯钨中分别加入微量稀土元素钍或铈的氧化物制成的。

纯钨极价格比较便宜，而且使用交流电源时的整流效应小（即直流分量的影响小），电弧稳定；但引弧性能及导电性能差，载流能力小，使用寿命短。

钍钨极及铈钨极的导电性能好，载流能力强，有较好的引弧性能，使用寿命长；缺点是价格较贵，使用交流电时整流效应大及电弧稳定性差。同时钍和铈均为稀土元素，有一定的放射性，其中铈钨极放射性较小。

（4）控制系统　在小功率设备中，TIG 焊设备的控制系统和焊接电源装在同一个箱子里；在大功率设备中，控制系统与焊接电源则是分立的，为一单独的控制箱。控制系统由引弧器、稳弧器、行车（或转动）速度控制器、程序控制器、电磁气阀和水压开关等构成。

对控制系统的要求：

1）自动控制引弧器、稳弧器的起动和停止。

2）焊接电流能自动衰减。

3）提前送气和滞后停气，以保护钨极和引弧、熄弧处的焊缝。

4）手工或自动接通和切断焊接电源。

（5）供气系统　TIG 焊的供气系统由氩气瓶、减压器、流量计和电磁气阀组成。减压器用于减压和调压。流量计用来调节和测量氩气流量大小。现常将减压器与流量计制成一体，成为氩气流量调节器。电磁气阀是控制气体通断的装置。

（6）冷却系统　一般选用的最大焊接电流在 100A 以上时必须冷却焊枪和电极。采用通水冷却时，冷却水接通并有一定压力后，才能起动焊接设备。通常在 TIG 焊设备中通过水压开关或手动来控制水流量。

2. 常见故障及处理方法

TIG 焊设备的常见故障有水、气路堵塞或泄漏；焊枪钨极夹头未旋紧，引起电弧不稳，焊件与地线接触不良或钨极不洁不引弧；焊机熔断器断路、焊枪开关接触不良使焊机不能正常起动等。常见故障分析及处理方法见表 1-6。

表 1-6　TIG 焊设备常见故障分析及处理方法

故障特征	产生原因	排除方法
焊机起动后无氩气输出	控制线路故障	检修控制线路
	气路堵塞	清理气路
	电磁气阀故障	更换电磁气阀
	延时线路故障	检修延时线路
有振荡器放电，但不能引弧	电源与焊件接触不良	检修
	控制线路故障	检修控制线路
	焊接电源接触器触点烧坏	检修接触器
控制线路放电，但焊机不能起动	控制变压器损坏或接触不良	检修或更换控制变压器
	起动继电器有故障	检修继电器
	焊枪上的开关接触不良	更换焊枪上的开关
电源接通，指示灯不亮	熔丝烧断	更换熔丝
	指示灯损坏	更换指示灯
	控制变压器损坏	更换变压器
	开关损坏	更换开关
无振荡或振荡火花微弱	放电器电极烧坏	更换放电器电极
	放电盘云母击穿	更换云母
	火花放电间隙不对	调节放电盘间隙
	脉冲引弧器或高频振荡器故障	检修
引弧后焊接过程中电弧不稳	消除直流元件故障	更换直流元件
	焊接电源线路接触不良	检修焊接电源
	稳弧器有故障	检修稳弧器

1.3.4 TIG 焊工艺

1. 焊前清理

氩气是惰性气体，在焊接过程中，既不与金属起化学作用，也不溶解于金属中，为获得高质量焊缝提供了良好条件。但是氩气不像还原性气体或氧化性气体那样，它没有脱氧去氢的能力。为了确保焊接质量，焊前对焊件及焊丝必须清理，不应残留油污、氧化皮、水分和灰尘等。TIG 焊常用的清理方法有：

（1）清除油污、灰尘 常用汽油、丙酮等有机溶剂清洗焊件与焊丝表面。也可按焊接生产说明书规定的其他方法进行。

（2）清除氧化膜 常用的方法有机械清理和化学清理两种，或两者联合进行。

机械清理主要用于焊件，有机械加工、吹砂、磨削及抛光等方法。对于不锈钢或高温合金的焊件，常用砂布打磨或抛光法，将焊件接头两侧 30~50mm 宽度内的氧化膜清除掉。对于铝及其合金，由于材质较软，不宜用吹砂清理，可用细钢丝轮、钢丝刷或刮刀将焊件接头两侧一定范围的氧化膜除掉。这些方法生产率低，所以成批生产时常用化学法。

化学法对于铝、镁、钛及其合金等有色金属的焊件与焊丝表面氧化膜的清理效果好，且生产率高。不同金属材料所采用的化学清理剂与清理程序是不一样的，可按焊接生产说明书的规定进行。

清理后的焊件与焊丝必须妥善放置与保管，一般应在 24h 内焊接完。如果存放中弄脏或放置时间太长，其表面氧化膜仍会增厚并吸附水分。为保证焊缝质量，必须在焊前重新清理。

2. 保护措施

由于 TIG 焊的对象主要是化学性质活泼的金属和合金，因此在一些情况下，有必要采取一些加强保护效果的措施。

（1）加挡板 对于端接接头和角接接头，采用加临时挡板的方法加强保护效果。

（2）焊枪后面附加拖罩 这种方法是在焊枪喷嘴后面安装附加拖罩。附加拖罩可使 400℃ 以上的焊缝和热影响区仍处于保护之中，适合散热慢、高温停留时间长的高合金材料的焊接。

（3）焊缝背面通气保护 这种方法是在焊缝背面采用可通保护气的垫板、反面充气罩或在被焊管子内部局部密闭气腔内充气保护，这样可同时对正面和反面进行保护。

3. 焊接参数

TIG 焊的焊接参数有：焊接电流、电弧电压（电弧长度）、焊接速度、填丝速度与焊丝直径、保护气体流量与喷嘴孔径、钨极直径与形状等。合理的焊接参数是获得优质焊接接头的重要保证。

（1）保护气体流量和喷嘴孔径 保护气体流量和喷嘴孔径的选择是影响气体保护效果的重要因素。无论是气体流量或是喷嘴孔径，在一定条件下，都有一个最佳值，气体保护有效直径最大，其保护效果最佳。因此，为了获得良好的保护效果，必须使保护气体流量与喷嘴孔径匹配，也就是说，对于一定直径的喷嘴，有一个获得最佳保护效果的气体流量，此时保护区范围最大，保护效果最好。如果喷嘴孔径增大，气体流量也应随之增加才可获得良好的保护效果。

另外，在确定保护气体流量和喷嘴孔径时，还要考虑焊接电流和电弧长度的影响。当焊接电流或电弧长度增大时，电弧功率增大，温度剧增，对气流的热扰动加强。因此，为了保持良好的保护效果，则需要相应增大喷嘴孔径和气体流量。

（2）焊接电流　焊接电流是TIG焊的主要参数。在其他条件不变的情况下，电弧能量与焊接电流成正比；焊接电流越大，可焊接的材料厚度越大。因此，焊接电流是根据焊件的材料性质与厚度来确定的。随着焊接电流的增大（或减小），凹陷深度、背面焊缝余高、熔透深度以及焊缝宽度都相应地增大（或减小），而焊缝余高相应地减小（或增大）。当焊接电流太大时，易引起焊缝咬边、焊漏等缺陷。反之，焊接电流太小时，易形成未焊透焊缝。

（3）焊接速度　焊接时，焊缝获得的热输入反比于焊接速度。在其他条件不变的情况下，焊接速度越小，热输入越大，则焊接凹陷深度、熔透深度、熔宽都相应增大。反之上述参数减小。

当焊接速度过快时，焊缝易产生未焊透、气孔、夹渣和裂纹等缺陷。反之，焊接速度过慢时，焊缝又易产生焊穿和咬边现象。从影响气体保护效果方面考虑，随着焊接速度的增大，从喷嘴喷出的惰性保护气流因为受到前方静止空气的阻滞作用，会产生变形和弯曲。当焊接速度过快时，就可能使电极末端、部分电弧和熔池暴露在空气中，从而恶化了保护作用，这种情况在自动高速焊时容易出现。此时，为了扩大有效保护范围，可适当加大喷嘴孔径和保护气体流量。

鉴于以上原因，在TIG焊时，采用较低的焊接速度比较有利。焊接不锈钢、耐热合金和钛及钛合金材料时，尤其要注意选用较低的焊接速度，以便得到较大范围的气体保护区域。

（4）电极直径和端部形状　钨极直径的选择取决于焊件厚度、焊接电流的大小、电流种类和极性。原则上应尽可能选择小的电极直径来承担所需要的焊接电流。此外，钨极的许用电流还与钨极的伸出长度及冷却程度有关，如果伸出长度较大或冷却条件不良，则许用电流将下降。一般钨极的伸出长度为5～10mm。

钨极直径和端部的形状影响电弧的稳定性和焊缝成形，因此TIG焊应根据焊接电流大小来确定钨极的形状。在焊接薄板或焊接电流较小时，为便于引弧和稳弧可选用小直径钨极并将钨极端部磨成约20°的尖锥角。电流较大时，电极锥角小将导致弧柱扩散，焊缝成形呈现厚度小而宽度大的现象。电流越大，上述变化越明显。因此，大电流焊接时，应将电极端部磨成钝角或平顶锥形，这样可使弧柱扩散减小，对焊件加热集中。

（5）电弧电压（或电弧长度）　当弧长增加时，电弧电压即增加，焊缝熔宽和加热面积都略有增大，但弧长超过一定范围后，会因电弧热量的分散使热效率下降，电弧力对熔池的作用减小，熔宽和母材熔化面积均减小。同时电弧长度还影响到气体保护效果的好坏，在一定限度内，喷嘴到焊件的距离越短，则保护效果就越好。一般在保证不短接的情况下，应尽量采用较短的电弧进行焊接。不加填充焊丝焊接时，弧长宜控制在1～3mm之间；加填充焊丝焊接时，弧长宜为3～6mm。

（6）填丝速度与焊丝直径　焊丝的填送速度与焊丝的直径、焊接电流、焊接速度、接头间隙等因素有关。一般焊丝直径大时填丝速度慢；焊接电流、焊接速度、接头间隙大时，填丝速度快。填丝速度选择不当，可能造成焊缝出现未焊透、烧穿、焊缝凹陷、焊缝余高过高、成形不光滑等缺陷。

焊丝直径与焊接板厚及接头间隙有关。当板厚及接头间隙大时，焊丝直径可选大一些。焊丝直径选择不当可能造成焊缝成形不好，焊缝余高过高或未焊透等缺陷。

4. 焊接参数的选择

在焊接过程中，每一项参数都直接影响焊接质量，而且各参数之间又相互影响，相互制约。为了获得优质的焊缝，除注意各焊接参数对焊缝成形和焊接过程的影响外，还必须考虑各参数的综合影响，即应使各项参数合理匹配。

TIG 焊时，首先应根据焊件材料的性质与厚度参考现有资料确定适当的焊接电流和焊接速度进行试焊，再根据试焊结果调整有关参数，直至符合要求。

5. TIG 焊操作技术

（1）引弧　引弧前应提前 5~10s 送气。引弧有两种方法：非接触引弧（即高频振荡引弧或脉冲引弧）和接触引弧，最好采用非接触引弧。采用非接触引弧时，应先使钨极端头与焊件之间保持较短距离，然后接通引弧器电路，在高频电流或高压脉冲电流的作用下引燃电弧。这种引弧方法可靠性高，且由于钨极不与焊件接触，因而钨极不致因短路而烧损，同时还可防止焊缝因电极材料落入熔池而形成夹钨等缺陷。

使用无引弧器的设备施焊时，需采用接触引弧法。即将钨极末端与焊件直接短路，然后迅速拉开而引燃电弧。接触引弧时，设备简单，但引弧可靠性较差。由于钨极与焊件接触，可能使钨极端头局部熔化而混入焊缝金属中，造成夹钨缺陷。为了防止焊缝夹钨，在采用接触引弧法时，可先在一块引弧板（一般为纯铜板）上引燃电弧，然后再将电弧移到焊缝起点处。

（2）焊接　焊接时，为了得到良好的气体保护效果，在不妨碍视线的情况下，应尽量缩短喷嘴到焊件的距离，采用短弧焊接，一般弧长为 4~7mm。焊枪与焊件角度的选择也应以获得好的保护效果、便于填充焊丝为准。平焊、横焊或仰焊时，多采用左焊法。厚度小于 4mm 的薄板立焊时，采用向下立焊或向上立焊均可；板厚大于 4mm 的焊件，多采用向上立焊。要注意保持电弧一定高度和焊枪移动速度的均匀性，以确保焊缝熔深、熔宽均匀，防止产生气孔和夹杂等缺陷。为获得必要的熔宽，焊枪除做匀速直线运动外，允许做适当横向摆动。在需要填充焊丝时，焊丝直径一般不得大于 4mm，因为焊丝太粗易产生夹渣和未焊透现象。在熔池前均匀地向熔池送入填充焊丝，不可扰乱氩气气流，焊丝端部应始终置于氩气保护区内，以免氧化。

（3）收弧　焊缝在收弧处要求不存在明显的下凹以及产生气孔与裂纹等缺陷。为此，在收弧处应添加填充焊丝使弧坑填满，这对于焊接热裂纹倾向较大的材料尤为重要。此外，还可采用电流衰减方法和逐步提高焊枪的移动速度或焊件的转动速度，以减少对熔池的热输入来防止裂纹。在焊接拼板接缝时，通常采用引出板将收弧处引出焊件，使得易出现缺陷的收弧处脱离焊件。

熄弧后，不要立即抬起焊枪，要使焊枪在焊缝上停留 3~5s，待钨极和熔池冷却后，再抬起焊枪，停止供气，以防止焊缝和钨极氧化。至此焊接过程便告结束，应关断焊机，切断水、电、气路。

学习领域	焊接方法与设备		
学习情境1	压力容器的焊接	学时	64 学时
任务 1.3	φ60mm 压力容器接管对接 TIG 焊	学时	12 学时
计划方式	小组讨论		
序号	实施步骤	使用资源	
制订计划说明			
计划评价	评语:		
班级		第　　　组	组长签字	
教师签字			日 期	

决　策　单

学习领域	焊接方法与设备		
学习情境1	压力容器的焊接	学时	64 学时
任务 1.3	ϕ60mm 压力容器接管对接 TIG 焊	学时	12 学时
	方案讨论	组号	

	组别	步骤顺序性	步骤合理性	实施可操作性	选用工具合理性	方案综合评价
方案决策	1					
	2					
	3					
	4					
	5					
	1					
	2					
	3					
	4					
	5					
	1					
	2					
	3					
	4					
	5					
方案评价	评语：					

班级		组长签字		教师签字		月　日

作 业 单

学习领域	焊接方法与设备		
学习情境 1	压力容器的焊接	学时	64 学时
任务 1.3	φ60mm 压力容器接管对接 TIG 焊	学时	12 学时
作业方式	小组分析，个人解答，现场批阅，集体评判		
1	φ60mm 压力容器接管对接 TIG 焊焊接方案		

作业评价：

班级		组别		组长签字	
学号		姓名		教师签字	
教师评分		日期			

检 查 单

学习领域	焊接方法与设备		
学习情境 1	压力容器的焊接	学时	64 学时
任务 1.3	ϕ60mm 压力容器接管对接 TIG 焊	学时	12 学时
序号	检查项目	检查标准	学生自查	教师检查
1	任务书阅读与分析能力，正确理解及描述目标要求	准确理解任务要求		
2	与同组同学协商，确定人员分工	较强的团队协作能力		
3	查阅资料能力，市场调研能力	较强的资料检索能力和市场调研能力		
4	资料的阅读、分析和归纳能力	较强的分析报告撰写能力		
5	编制方案的能力	焊接方案的完整程度		
6	安全生产与环保	符合"5S"要求		
7	方案缺陷的分析诊断能力	缺陷处理得当		
8	焊缝的质量	焊缝质量要求		
检查评语	评语：			
班级		组别		组长签字	
教师签字			日期	

评 价 单

学习领域	焊接方法与设备					
学习情境1	压力容器的焊接			学时	64 学时	
任务 1.3	φ60mm 压力容器接管对接 TIG 焊			学时	12 学时	
评价类别	评价项目	子项目	个人评价	组内互评	教师评价	
专业能力 （75%）	资讯（10%）	搜集信息（5%）				
		引导问题回答（5%）				
	计划（5%）	计划可执行度（5%）				
	实施（10%）	工作步骤执行（3%）				
		质量管理（3%）				
		安全保护（2%）				
		环境保护（2%）				
	检查（10%）	全面性、准确性（5%）				
		异常情况排除（5%）				
	任务结果（40%）	结果质量（40%）				
方法能力 （15%）	决策、计划能力 （15%）					
社会能力 （10%）	团结协作（5%）					
	敬业精神（5%）					
评价 评语	评语：					
班级		组别		学号		总评	
教师签字		组长签字		日期			

任务 1.4 16mm 厚压力容器筒体钢板的气割

任 务 单

学习领域	焊接方法与设备		
学习情境 1	压力容器的焊接	学时	64 学时
任务 1.4	16mm 厚压力容器筒体钢板的气割	学时	10 学时
布置任务			
工作目标	收集整理各种压力容器的典型工艺，分析压力容器板材的质量要求，编制切割工艺方案，完成切割工作。		
任务描述	收集整理各种压力容器的典型工艺，总结压力容器板材切割的工艺特点和主要过程；分析压力容器板材的质量要求，确定实施的切割方法，选择合理的切割材料、切割设备及工具，确定合理的切割工艺参数；根据分析结果编写切割方案；依据方案完成切割工作。		
任务分析	各小组对任务进行分析、讨论： 1）收集整理各种压力容器的典型工艺。 2）分析压力容器板材的质量要求。 3）确定实施的切割方法，选择合理的切割材料、切割设备及工具，确定合理的切割工艺参数。 4）编制 16mm 厚压力容器筒体钢板的气割方案并加工。		

学时安排	资讯 1 学时	计划 2 学时	决策 1 学时	实施 4 学时	检查 1 学时	评价 1 学时

提供资料	1）国际焊接工程师培训教程，2013。 2）焊接方法与设备，雷世明，机械工业出版社。 3）电焊工工艺与操作技术，周岐，机械工业出版社。 4）焊接方法与设备，陈淑惠，高等教育出版社。
对学生 的要求	1）能对任务书进行分析，能正确理解和描述目标要求。 2）具有独立思考、善于提问的学习习惯。 3）具有查询资料和市场调研能力，具备严谨求实和开拓创新的学习态度。 4）能执行企业 "5S" 质量管理体系要求，具有良好的职业意识和社会能力。 5）具备一定的观察理解和判断分析能力。 6）具有团队协作、爱岗敬业的精神。 7）具有一定的创新思维和勇于创新的精神。

资　讯　单

学习领域	焊接方法与设备		
学习情境1	压力容器的焊接	学时	64 学时
任务 1.4	16mm 厚压力容器筒体钢板的气割	学时	10 学时
资讯方式	实物、参考资料		
资讯问题	1）气焊的原理是什么？ 2）气割的原理是什么？ 3）气焊和气割有哪些特点？ 4）气焊和气割的设备有哪些？ 5）气焊和气割设备使用的安全要求有哪些？ 6）氧乙炔焰的特点有哪些？ 7）气焊的主要工艺参数有哪些？ 8）气割的主要工艺参数有哪些？ 9）压力容器板材切割的主要特点有哪些？		
资讯引导	问题 1 可参考信息单 1.4.1。 问题 2 可参考信息单 1.4.1。 问题 3 可参考信息单 1.4.1。 问题 4 可参考信息单 1.4.2。 问题 5 可参考信息单 1.4.3。 问题 6 可参考信息单 1.4.4。 问题 7 可参考信息单 1.4.5。 问题 8 可参考信息单 1.4.5。 问题 9 可参考压力容器焊接工艺文件。		

信　息　单

1.4.1　气焊和气割的原理及特点

气焊与气割是利用可燃气体与助燃气体混合燃烧产生的气体火焰的热量作为热源，进行金属材料的焊接或切割的加工工艺方法。气焊在电弧焊广泛应用之前，是一种应用比较广泛的焊接方法。尽管现在电弧焊及其他先进焊接方法迅速发展和广泛应用，气焊的应用范围越来越小，但在铜、铝等有色金属及铸铁的焊接领域仍有其独特优势。气割与气焊几乎是同时诞生的，是应用量最大、覆盖面较广的重要加工方法。

1. 气焊的原理

气焊是利用可燃气体和氧气通过焊炬按一定的比例混合，获得所要求的火焰能率和性质的火焰作为热源，熔化被焊金属和填充金属，使其形成牢固的焊接接头。

气焊时，先将焊件的焊接处金属加热到熔化状态形成熔池，并不断地熔化焊丝向熔池中填充，气体火焰覆盖在熔化金属的表面上起保护作用，随着焊接过程的进行，熔化金属冷却形成焊缝，气焊过程如图 1-27 所示。

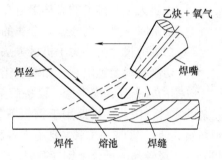

图 1-27　气焊过程

2. 气焊的特点

（1）气焊的优点

1）设备简单，操作方便，成本低，适应性强，在无电力供应的地方可方便焊接。

2）可以焊接薄板、小直径薄壁管。

3）焊接铸铁、有色金属、低熔点金属及硬质合金时质量较好。

（2）气焊的缺点

1）火焰温度低，加热分散，热影响区宽，焊件变形大、过热严重，接头质量不如焊条电弧焊容易保证。

2）生产率低，不易焊接较厚的金属。

3）难以实现自动化。

因此，气焊目前在工业生产中主要用于焊接薄板、小直径薄壁管、铸铁、有色金属、低熔点金属及硬质合金等。此外气焊火焰还可用于钎焊、喷焊和火焰矫正等。

3. 气割的原理

气割是利用气体火焰的热能，将工件切割处预热到一定温度后，喷出高速切割氧流，使其燃烧并放出热量实现切割的方法。切割过程包括下列三个阶段：

1）气割开始时，用预热火焰将起割处的金属预热到燃烧温度（燃点）。

2）向被加热到燃点的金属喷射切割氧，使金属剧烈地燃烧。

3）金属燃烧氧化后生成熔渣和产生反应热，熔渣被切割氧吹除，所产生的热量和预热火焰热量将下层金属加热到燃点，这样继续下去就将金属逐渐地割穿，随着割炬的移动，就切割成所需的形状和尺寸。

因此，切割过程是预热—燃烧—吹渣过程，其实质是铁在纯氧中的燃烧过程，而不是熔化过程。气割过程如图 1-28 所示。

4. 气割的特点

（1）气割的优点

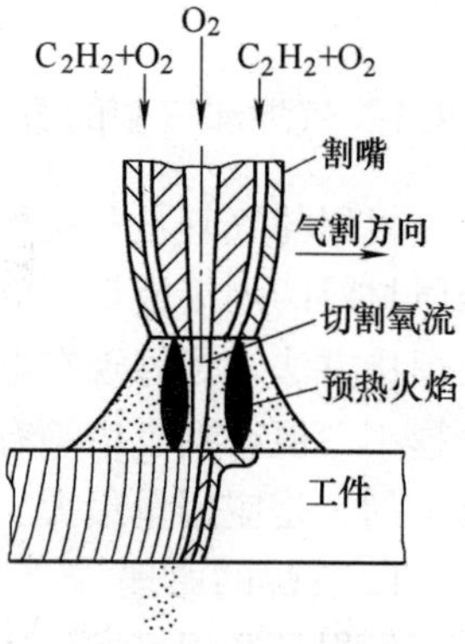

1）气割设备的投资比机械切割设备的投资低，气割设备轻便，可用于野外作业。

2）切割效率高，切割钢的速度比其他机械切割方法快。

3）机械方法难以切割的截面形状和厚度，采用氧乙炔焰切割比较经济。

4）切割小圆弧时，能迅速改变切割方向。切割大型工件时，不用移动工件，借助移动氧乙炔焰便能迅速切割。

5）可进行手工和机械切割。

（2）气割的缺点

1）预热火焰和排出的赤热熔渣存在发生火灾以及烧坏设备和烧伤操作人员的危险。

2）切割时，燃气的燃烧和金属的氧化，需要采用合适的烟尘控制装置和通风装置。

3）切割的尺寸公差劣于机械方法。

4）切割材料受到限制，如铜、铝、不锈钢、铸铁等不能用氧乙炔焰切割。

气割的效率高，成本低，设备简单，并能在各种位置进行切割和在钢板上切割各种外形复杂的零件，因此广泛地用于钢板下料、开焊接坡口和铸件浇冒口的切割，切割厚度可达 300mm 以上。目前，气割主要用于各种碳钢和低合金钢的切割。其中淬火倾向大的高碳钢和强度等级较高的低合金钢气割时，为避免切口淬硬或产生裂纹，应采取适当加大预热火焰功率并放慢切割速度，甚至切割前对钢材进行预热等措施。

（3）气割的条件　符合下列条件的金属才能进行氧气切割：

1）金属在氧气中的燃烧点应低于熔点，这是氧气切割过程能正常进行的最基本条件。否则金属在燃烧之前已熔化就不能实现正常的切割过程。

2）金属在切割氧射流中燃烧应该是放热反应。因为放热反应的结果是上层金属燃烧产生很大的热量，对下层金属起着预热作用。

3）金属的导热性不应太高。否则预热火焰及气割过程中氧化所放出的热量会被传导散失，使气割不能开始或中途停止。

4）金属气割时形成氧化物的熔点应低于金属本身的熔点。氧气切割过程产生的金属氧化物的熔点必须低于该金属本身的熔点，同时流动性要好，这样的氧化物能以液体状态从割缝处被吹除。

1.4.2　气焊和气割设备

气焊和气割的主要设备及工具有：氧气瓶、乙炔瓶、液化石油气瓶、减压器、焊炬（割炬）等，其组成如图 1-29 所示。

1. 焊炬

（1）焊炬的作用及分类　焊炬是气焊时用于控制气体混合比、流量及火焰进行焊接的工具。焊炬的作用是将可燃气体和氧气按一定比例混合，并以一定的速度喷出燃烧而生成有一定能量、成分和形状稳定的火焰。

焊炬按可燃气体与氧气混合的方式不同，可分为射吸式焊炬（也称低压焊炬）和等压

图 1-28　气割过程

式焊炬两类，现在常用的是射吸式焊炬。等压式焊炬中可燃气体的压力和氧气的压力相等，不能用于低压乙炔，所以目前很少使用。

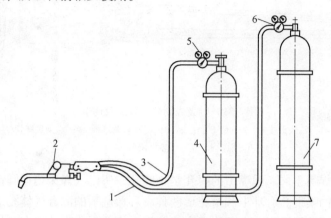

图 1-29　气焊（气割）设备
1—氧气胶管　2—焊炬（割炬）　3—乙炔胶管　4—乙炔瓶　5—乙炔减压器　6—氧气减压器　7—氧气瓶

（2）射吸式焊炬的构造及原理　射吸式焊炬的外形及构造如图 1-30 所示。工作时，打开氧气阀，氧气即从喷嘴口快速射出，并在喷嘴外围造成负压（吸力），再打开乙炔调节阀，乙炔气聚集在喷嘴的外围。由于氧射流负压的作用，聚集在喷嘴外围的乙炔气很快被氧气吸出，并按一定的比例与氧气混合，经过射吸管、混合气管从焊嘴喷出。

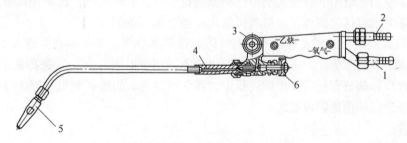

图 1-30　射吸式焊炬的外形及构造
1—氧气导管　2—乙炔导管　3—乙炔调节手轮　4—射吸管　5—焊嘴　6—氧气调节手轮

2. 割炬

（1）割炬的作用及分类　割炬是手工气割的主要工具。割炬的作用是将可燃气体与氧气以一定的比例和方式混合后，形成具有一定能量和形状的预热火焰，并在预热火焰的中心喷射切割氧流进行气割。

割炬按可燃气体与氧气混合的方式不同可分为射吸式割炬和等压式割炬两种；按可燃气体种类不同可分为乙炔割炬、液化石油气割炬等，其中射吸式割炬的应用最为普遍。

（2）射吸式割炬的构造及原理

1）射吸式割炬的构造。射吸式割炬的外形及构造如图 1-31 所示，它以射吸式焊炬为基础。它的结构可分为两部分：一部分为预热部分，其构造与射吸式焊炬相同，具有射吸作用，可以使用低压乙炔；另一部分为切割部分，由切割氧调节阀、切割氧气管及割嘴等组成。

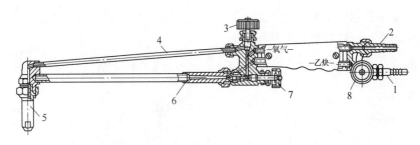

图 1-31　射吸式割炬的外形及构造

1—乙炔管接头　2—氧气管接头　3—切割氧调节阀　4—切割氧气管
5—割嘴　6—射吸管　7—预热氧调节阀　8—乙炔调节阀

割嘴的构造与焊嘴不同。焊嘴中的喷孔是小圆孔，所以气焊火焰呈圆锥形；而射吸式割炬的割嘴混合气体的喷射孔有环形和梅花形两种。环形割嘴的混合气体孔道呈环形，整个割嘴由内嘴和外嘴两部分组合而成，又称组合式割嘴。梅花形割嘴的混合气体孔道呈小圆孔均匀地分布在高压氧孔道周围，整个割嘴为一体，又称整体式割嘴。

2）射吸式割炬的工作原理。气割时，先开启预热氧调节阀和乙炔调节阀，点火产生环形预热火焰对工件进行预热，待工件预热至燃点时，即开启切割氧调节阀，此时高速切割氧气流经切割氧气管，由割嘴的中心孔喷出，进行气割。

（3）液化石油气割炬　对于液化石油气割炬，由于液化石油气与乙炔的燃烧特性不同，因此不能直接使用乙炔用的射吸式割炬，需要进行改造，应配用液化石油气专用割嘴。液化石油气割炬除可以自行改制外，也可购买液化石油气专用割炬。

（4）等压式割炬　等压式割炬的可燃气体、预热氧分别由单独的管路进入割嘴内混合。由于可燃气体是靠自身的压力进入割炬，所以它不适用于低压乙炔，而须采用中压乙炔。等压式割炬具有气体调节方便、火焰燃烧稳定、回火可能性较射吸式割炬小等优点。其应用量越来越大，国外应用量比国内的大。

3. 氧气瓶

氧气瓶是储存和运输氧气的一种高压容器。氧气瓶外表涂淡蓝色，瓶体上用黑漆标注"氧"字样。常用氧气瓶的容积为 40L，在 15MPa 压力下，可储存 $6m^3$ 的氧气。

4. 乙炔瓶

乙炔瓶是一种储存和运输乙炔的容器。乙炔瓶外表涂白色，并用红漆标注"乙炔　不可近火"字样。瓶口装有乙炔瓶阀，但阀体旁侧没有侧接头，因此必须使用带有夹环的乙炔减压器。乙炔瓶的工作压力为 1.5MPa，在瓶体内装有浸满着丙酮的多孔性填料，能使乙炔安全地储存在乙炔瓶内。

5. 液化石油气瓶

液化石油气瓶是储存液化石油气的专用容器，其壳体采用气瓶专用钢焊接而成。按用量及使用方式，气瓶容量有 15kg、20kg、30kg、50kg 等多种规格，工业上常采用 30kg。气瓶最大工作压力为 1.6MPa，水压试验的压力为 3MPa。工业用液化石油气瓶外表面涂棕色，并用白漆标注"液化石油气"字样。

6. 减压器

减压器又称压力调节器，它是将气瓶内的高压气体降为工作时的低压气体的调节装置。

减压器按用途不同可分为氧气减压器、乙炔减压器、液化石油气减压器等；按构造不同可分为单级式和双级式两类；按工作原理不同可分为正作用式和反作用式两类。目前常用的是单级反作用式减压器。

（1）氧气减压器　当减压器在非工作状态时，调压手柄向外旋出，调压弹簧处于松弛状态，活门被活门弹簧压下，通道关闭，由气瓶流入高压室的高压气体不能从高压室流入低压室。当减压器工作时，调压手柄向内旋入，调压弹簧受压缩而产生向上的压力，并通过弹性薄膜将活门顶开，高压气体从高压室流入低压室。气体从高压室流入低压室时，由于体积膨胀而使压力降低，起到了减压作用。气体流入低压室后，对弹性薄膜产生了向下的压力，并传递到活门，影响活门的开启。当低压室的气体输出量降低而压力升高时，活门的开启度缩小，流入低压室的气体减少，使低压室内气体的压力不会增高。同样，当低压室的气体输出量增加而压力降低时，活门的开启度增大，流入低压室的气体增多，使低压室内气体的压力增高。这种自动调节作用使低压室内气体的压力稳定地保持着工作压力，这就是减压器的稳压作用。

（2）乙炔减压器　乙炔减压器的构造、工作原理和使用方法与氧气减压器基本相同，所不同的是乙炔减压器与乙炔瓶的连接是用特殊的夹环并借用紧固螺钉加以固定的。

（3）液化石油气减压器　液化石油气减压器的作用也是将气瓶内的压力降至工作压力和稳定输出压力，保证供气量均匀。一般民用的减压器稍加改制即可用于切割一般厚度的钢板。另外，液化石油气减压器也可以直接使用丙烷减压器。如果用乙炔瓶灌装液化石油气，则可使用乙炔减压器。

7. 输气胶管

氧气瓶和乙炔瓶中的气体须用橡胶软管输送到焊炬或割炬中。根据 GB/T 2550—2016《气体焊接设备　焊接、切割和类似作业用橡胶软管》，氧气管为蓝色，乙炔管为红色。通常氧气管内径为 8mm，乙炔管内径为 10mm，氧气管与乙炔管强度不同，氧气管允许工作压力为 1.5MPa，乙炔管为 0.3MPa。与焊炬连接的胶管长度不能短于 5m，但太长则会增加气体流动的阻力，一般以 10 ~ 15m 为宜。焊炬用胶管禁止油污及漏气，并严禁互换使用。

8. 其他辅助工具

（1）护目镜　气焊时使用护目镜，主要是保护焊工的眼睛不受火焰亮光的刺激，以便在焊接过程中能够仔细地观察熔池金属，又可防止飞溅的金属微粒溅入眼睛内。护目镜的镜片颜色和深浅，根据焊工的需要和被焊材料的性质进行选用。颜色太深或太浅都会妨碍对熔池的观察，影响工作效率，一般宜用 3 ~ 7 号的黄绿色镜片。

（2）点火枪　使用手枪式点火枪点火最为安全方便。当用火柴点火时，必须把划着了的火柴从焊嘴的后面送到焊嘴或割嘴上，手易被烧伤。

此外还有清理工具，如钢丝刷、锤子、锉刀，连接和启闭气体通路的工具，如钢丝钳、铁丝、皮管夹头、扳手等，以及清理焊嘴的通针。

1.4.3　气焊和气割设备的使用安全

1. 气焊与气割的安全特点

气焊与气割的主要危险是火灾与爆炸，因此，防火、防爆是气焊与气割的主要任务。

气焊与气割所用的气体都是易燃易爆气体，各种气瓶均属于压力容器。而在焊补燃料容器和管道时，还会遇到其他许多易燃易爆气体及各种压力容器，同时又使用明火。如果焊接设备和安全装置有故障，或者操作人员违反操作规程进行作业等，都有可能引起爆炸和火灾事故。在气焊火焰的作用下，尤其是气割时氧气射流的喷射，使熔珠和铁渣四处飞溅，容易造成灼烫事故。而且较大的熔珠和铁渣能飞溅到距操作点5m以外的地方，遇到可燃易爆物品，易发生火灾与爆炸。

被焊金属在高温作用下蒸发成金属蒸气。在焊接镁、铜、铅等有色金属及其合金时，除了这些金属蒸气之外，焊剂还散发出氯盐的燃烧产物。黄铜的焊接过程中蒸发大量锌蒸气，铅的焊接过程中蒸发铅和氧化铅蒸气等有害物质。在焊补操作中，还会产生其他有毒和有害气体，尤其是在密闭容器和管道内的气焊与气割操作等均会对焊接作业人员造成危害，也有可能造成焊工中毒。

2. 气瓶的使用安全要求

氧气瓶和乙炔瓶上的安全阀和安全塞是防止气瓶被加热时由于压力过大而发生爆炸的装置。在氧气瓶的瓶阀中有一个很小的金属隔膜，这个隔膜破裂后，可以释放气瓶的压力，防止气瓶爆炸。乙炔瓶根据其容量设置有1~4个易熔化的安全塞。这些安全塞采用特殊的金属合金制作，熔点为85℃。当气瓶被置于过高温度下时，安全塞熔化使气瓶压力释放以防止破裂或遇火爆炸。乙炔瓶的安全塞可以设置在气瓶顶部或气瓶底部。

满装的氧气瓶具有较高的工作压力（15MPa），为了防止气体在阀柱周围泄漏，氧气瓶和所有高压气瓶都设有第二个阀座，在打开主阀门时使阀柱周围构成密封。由于乙炔瓶阀承受相对较低的工作压力（1.5MPa），使用时阀柱周围的泄漏很小，只采用一个阀座即可。乙炔阀在工作中能够放出适量的气体，可以有更多的打开阀门和在紧急情况下关闭阀门的次数。在乙炔瓶的使用过程中，为安全起见，操作时一定不要卸掉乙炔瓶上的可去除扳手。

在连接和使用乙炔瓶前，应使乙炔瓶竖立，并且等待至少1.5h才能使用，以使气瓶顶部位置的乙炔气体与液态丙酮分离开。这样，丙酮就不会被抽入调节器而使压力表的密封受到损坏。否则，焊接火焰中的丙酮将污染焊接熔池，使焊缝性能降低。

3. 减压器的使用安全要求

减压器使用时必须注意：减压器上不得沾染油脂，若有油脂必须擦干净后才能使用；减压器在使用过程中若发生冻结，应用热水或蒸汽解冻，严禁用明火烘烤；减压器必须定期检修，压力表必须定期校验；氧气减压器和乙炔减压器不得调换使用。

4. 焊炬与割炬的使用安全要求

焊炬和割炬在使用过程中产生的火花和飞溅物会沉积在喷嘴上或喷嘴小孔处，这些沉积物（特别是碳）会使气流受阻，引起气体混合物过早引燃。每天的焊接工作开始时应清洁焊炬和割炬喷嘴。为了保持喷嘴清洁，选择与喷嘴相匹配的最大的焊炬喷嘴清洁丝，采用有部分锯齿的清洁丝去除外来杂物，保证现有的孔径不扩大；然后用细砂纸或金刚砂布擦除焊炬喷嘴上的附着物，使用压缩空气或氧气吹出喷嘴中的杂物。一定不要使用梅花钻头清洁喷嘴，这样会造成喷嘴孔径的破坏。

气焊和气割时用的胶管，必须能够承受足够的气体压力，并要求质地柔软，重量轻，以便于工作。规定氧气胶管是蓝色的，乙炔胶管是红色的。乙炔胶管和氧气胶管的强度不同，不得相互代用。使用时注意颜色及其他标志。

1.4.4 氧乙炔焰

氧乙炔焰是乙炔与氧气混合燃烧所形成的火焰。氧乙炔焰具有很高的温度，加热集中，是目前气焊、气割中采用的主要火焰。氧乙炔焰是气焊、气割的热源，产生的气流又是熔化金属的保护介质。

一般按氧气和乙炔的比值不同，可以将氧乙炔焰分为中性焰、碳化焰和氧化焰三种。氧乙炔焰的构造和形状如图1-32所示。

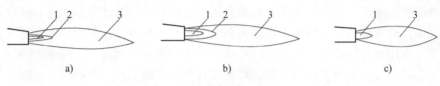

图1-32　氧乙炔焰的构造和形状
a）中性焰　b）碳化焰　c）氧化焰
1—焰心　2—内焰　3—外焰

1. 中性焰

中性焰是氧与乙炔混合体积比为1.1～1.2时燃烧所形成的火焰。在一次燃烧区既无过量氧又无游离碳。

中性焰由焰心、内焰、外焰三部分组成，如图1-32a所示。焰心呈尖锥形，色白而明亮，轮廓清楚。焰心虽然很亮，但温度仅有800～1200℃，这是由于乙炔分解而吸收了部分热量的缘故。内焰位于碳素微粒层外面，呈蓝白色，有深蓝色线条。内焰处在焰心前2～4mm的部位，燃烧最激烈，温度最高，可达到3100～3150℃。内焰对许多金属的氧化物具有还原作用，所以该区称为还原区。内焰的外面是外焰，它和内焰没有明显的界线，只能从颜色上略加区别。外焰的颜色从里向外由淡紫色变为橙黄色。外焰的温度为1200～2500℃，由于CO_2和H_2O在高温时很容易分解，所以外焰具有氧化性。

中性焰可用于低碳钢、低合金钢、纯铜、铝及铝合金等的焊接和气割。由于中性焰的焰心和外焰的温度较低，而内焰具有还原性，因此可以改善焊缝的力学性能。采用中性焰焊接金属及其合金时，大多数使用内焰。

2. 碳化焰

氧与乙炔的混合体积比小于1.1时，燃烧所形成的火焰称为碳化焰。这种火焰含有游离碳，具有较强的还原作用，也有一定的渗碳作用。

碳化焰可明显地分为焰心、内焰和外焰三部分，如图1-32b所示。碳化焰的最高温度为2700～3000℃。碳化焰中存在的过剩乙炔，焊接时易分解为氢气和碳，容易增加焊缝的含碳量，影响焊缝的力学性能。过多的氢进入熔池会使焊缝产生气孔及裂纹。因此碳化焰不能用于焊接低碳钢和低合金钢。但轻微碳化焰的应用较广，它可用于中合金钢、高合金钢、铝及其合金的焊接。

3. 氧化焰

氧与乙炔的混合体积比大于1.2时，燃烧所形成的火焰称为氧化焰。氧化焰中有过量的氧，在尖形焰心外面形成了一个有氧化性的富氧区，如图1-32c所示。

氧化焰的焰心呈淡紫蓝色，轮廓也不太明显。在燃烧过程中，由于氧的浓度大，氧化反应非常激烈，所以焰心和外焰都缩短了。外焰呈紫蓝色，火焰挺直，燃烧时会发出急剧的"嘶嘶"噪声。氧化焰的大小取决于氧的压力和火焰中氧的比例。氧的比例越大，则整个火焰越短，噪声也越大。

氧化焰的最高温度可达 3100～3300℃，由于氧气的供应量较多，整个火焰具有氧化性，所以焊接一般碳素钢时，会造成金属的氧化和合金元素的烧损，降低焊缝的质量。这种火焰较少采用，只是在焊接黄铜和锡青铜时采用。

4. 氧乙炔焰的调节

刚点燃的氧乙炔焰一般为碳化焰，根据所焊金属材料的种类和厚度不同，可分别调节氧气阀和乙炔阀，直至获得所需要的火焰性质和火焰能率。在焊接过程中，若发现火焰不正常要及时调节，或用通针将焊嘴内的杂质清除掉，使火焰颜色调至正常后方可继续进行焊接。需要熄灭火焰时，应先关闭乙炔调节阀，后关闭氧气调节阀。否则会出现大量的炭灰，而且在采用射吸式焊炬时，容易发生回火。氧乙炔焰会直接影响气焊、气割的质量和生产率，因此要求氧乙炔焰应有足够的温度，体积要小，焰心要直，热量要集中；并根据焊接材料来选择不同性质的火焰，才能获得优质的焊缝。

1.4.5 气焊和气割工艺

1. 气焊工艺参数

气焊工艺参数包括焊丝直径、气焊熔剂、火焰的性质及能率、焊嘴尺寸及焊炬的倾斜角度、焊接方向、焊接速度等，它们是保证焊接质量的主要技术依据。

（1）焊丝直径 焊丝直径主要根据焊件的厚度确定，焊丝直径与焊件厚度的关系见表 1-7。

表 1-7　焊丝直径与焊件厚度的关系　　　　　　（单位：mm）

焊件厚度	1～2	2～3	3～5	5～10	10～15
焊丝直径	1～2 或不用焊丝	2～3	3～3.2	3.2～4	4～5

若焊丝直径过细，焊接时焊件尚未熔化，而焊丝已很快熔化下滴，容易造成熔合不良等缺陷；相反，如果焊丝直径过粗，焊丝加热时间增加，使焊件过热，会扩大热影响区，同时导致焊缝产生未焊透等缺陷。开坡口焊件的第一、二层焊缝焊接，应选用较细的焊丝，以后各层焊缝可采用较粗焊丝。焊丝直径还和焊接方向有关，一般右向焊时所选用的焊丝要比左向焊时粗些。

（2）气焊熔剂 气焊熔剂的选择要根据焊件的成分及其性质而定，一般碳素结构钢气焊时不需要气焊熔剂。而不锈钢、耐热钢、铸铁、铜及铜合金、铝及铝合金气焊时，则必须采用气焊熔剂。气焊熔剂牌号的选择详见表 1-8。

表 1-8　气焊熔剂的牌号、性能及用途

熔剂牌号	名　称	基本性能	用　途
CJ101	不锈钢及耐热钢气焊熔剂	熔点为 900℃，有良好的湿润作用，能防止熔化金属被氧化，焊后熔渣易清除	用于不锈钢及耐热钢气焊

熔剂牌号	名　称	基本性能	用　途
CJ201	铸铁气焊熔剂	熔点为650℃，呈碱性反应，具有潮解性，能有效地去除铸铁在气焊时所产生的硅酸盐和氧化物，有加速金属熔化的功能	用于铸铁件气焊
CJ301	铜气焊熔剂	系硼基盐类，易潮解，熔点约为650℃。呈酸性反应，能有效地熔解氧化铜和氧化亚铜	用于铜及铜合金气焊
CJ401	铝气焊熔剂	熔点约为560℃，呈酸性反应，能有效地破坏氧化铝膜，因极易吸潮，在空气中能引起铝的腐蚀，焊后必须将熔渣清除干净	用于铝及铝合金气焊

（3）火焰的性质及能率

1）火焰的性质。气焊火焰的性质应该根据不同材料的焊件合理地选择。中性焰适用于焊接一般低碳钢和要求焊接过程对熔化金属不渗碳的金属材料，如不锈钢、纯铜、铝及铝合金等；碳化焰只适用含碳较高的高碳钢、铸铁、硬质合金及高速工具钢的焊接；氧化焰很少采用，但焊接黄铜时，采用含硅焊丝，氧化焰会使熔化金属表面覆盖一层硅的氧化膜，可阻止黄铜中锌的蒸发，故通常焊接黄铜时，宜采用氧化焰。

2）火焰能率。气焊火焰能率主要是根据每小时可燃气体（乙炔）的消耗量（L/h）来确定的，而气体消耗量又取决于焊嘴的大小。焊嘴号码越大，火焰的能率也越大。在生产实际中，焊件较厚，金属材料熔点较高，导热性较好，焊缝又是平焊位置，则应选择较大的火焰能率；反之，如果焊接薄板或其他位置焊缝时，火焰能率要适当减小。

（4）焊嘴尺寸及焊炬的倾斜角度　焊嘴是氧乙炔混合气体的喷口，每把焊炬备有一套口径不同的焊嘴，焊接较厚的焊件应选用尺寸较大的焊嘴。

焊炬的倾斜角度主要取决于焊件的厚度和母材的熔点及导热性。焊件越厚、导热性及熔点越高，采用的焊炬倾斜角越大，这样可使火焰的热量集中；相反，则采用较小的倾斜角。

在气焊过程中，焊丝与焊件表面的倾斜角一般为30°~40°，焊丝与焊炬中心线的角度为90°~100°。

（5）焊接速度　一般情况下，对于厚度大、熔点高的焊件，焊接速度要慢些，以免产生未熔合的缺陷；对于厚度小、熔点低的焊件，焊接速度要快些，以免烧穿和使焊件过热，降低产品质量。总之，在保证焊接质量的前提下，应尽量加快焊接速度，以提高生产率。

2. 气割工艺参数

气割工艺参数主要包括气割氧压力、气割速度、预热火焰性质及能率、割嘴的倾斜角度、割嘴离工件表面的距离等。

（1）气割氧压力　气割氧压力主要根据工件厚度来选用。工件越厚，要求气割氧压力越大。氧气压力过大，不仅造成浪费，而且使割口表面粗糙，切口加大。氧气压力过小，不能将熔渣全部从切口处吹除，使切口的背面留下很难清除干净的挂渣，甚至出现割不透现象。

氧气纯度对气割速度、气体消耗量及割缝质量有很大影响。氧气的纯度低，金属氧化缓慢，使气割时间增加，而且气割单位长度割件的氧气消耗量也增加。

（2）气割速度　气割速度与工件厚度和使用的割嘴形状有关，工件越厚，气割速度越慢；反之，工件越薄，则气割速度越快。气割速度太慢，会使切口边缘熔化；速度过快，则会产生很大的后拖量（沟纹倾斜）或割不穿。气割速度的正确与否，主要根据切口后拖量来判断，应使切口产生的后拖量最小。所谓后拖量是指切割面上切割氧流轨迹的始点与终点在水平方向的距离。

（3）预热火焰性质及能率　预热火焰的作用是将金属工件加热，并始终保持能在氧气流中燃烧的温度，同时使钢材表面上的氧化皮剥落和熔化，便于切割氧气流与铁化合。对于低碳钢，预热火焰的加热温度为 1100～1150℃。

气割时，预热火焰应采用中性焰或轻微氧化焰，不能使用碳化焰，因为碳化焰会使切口边缘产生增碳现象。

预热火焰能率是以每小时可燃气体消耗量来表示的。预热火焰能率应根据工件厚度来选择，一般工件越厚，火焰能率应越大。但火焰能率过大时，会使切口上缘产生连续珠状钢粒，甚至熔化成圆角，同时造成工件背面粘渣增多而影响气割质量。当火焰能率过小时，工件得不到足够的热量，迫使气割速度减慢，甚至使气割过程发生困难，这在厚板气割时更应注意。

（4）割嘴的倾斜角度　割嘴的倾斜角度直接影响气割速度和后拖量。当割嘴沿气割相反方向倾斜一定角度时（后倾），能使氧化燃烧而产生的熔渣吹向切割线的前缘，这样可充分利用燃烧反应产生的热量来减少后拖量，从而促使气割速度的提高。进行直线切割时，应充分利用这一特性。割嘴倾斜角的大小，主要根据工件厚度而定。

（5）割嘴离工件表面的距离　割嘴离工件表面的距离应根据预热火焰长度和工件厚度来确定，一般为 3～5mm。因为这样的加热条件好，切割面渗碳的可能性最小。当工件厚度小于 20mm 时，火焰可长些，距离可适当加大；当工件厚度大于或等于 20mm 时，由于气割速度放慢，火焰应短些，距离应适当减小。

3. 气割（气焊）的回火

气割（气焊）时发生气体火焰进入喷嘴内逆向燃烧的现象称为回火。回火可能烧毁割（焊）炬、管路及引起可燃气体储罐的爆炸。发生回火的根本原因是混合气体从割（焊）炬的喷射孔内喷出的速度小于混合气体燃烧速度。由于混合气体的燃烧速度一般不变，凡是降低混合气体喷出速度的因素都有可能发生回火。发生回火的具体原因有以下几个方面：

1）输送气体的软管内壁或割（焊）炬内部的气体通道上黏附了固体碳质微粒或其他物质，增加了气体的流动阻力，降低了气体的流速以及气体管道内存在氧乙炔混合气体等引起回火。

2）输送气体的软管太长、太细，或者曲折太多，使气体在软管内流动时所受的阻力增大，降低了气体的流速，引起回火。

3）气焊（气割）时间过长或者割（焊）嘴离工件太近，致使割（焊）嘴温度升高，割（焊）炬内的气体压力增大，增大了混合气体的流动阻力，降低了气体的流速，引起回火。

4）割（焊）嘴端面黏附了过多飞溅出来的熔化金属微粒，这些微粒阻塞了喷射孔，使混合气体不能畅通地流出，引起回火。

計 划 单

学习领域	焊接方法与设备		
学习情境1	压力容器的焊接	学时	64 学时
任务 1.4	16mm 厚压力容器筒体钢板的气割	学时	10 学时
计划方式	小组讨论		
序号	实施步骤		使用资源
制订计划说明			
计划评价	评语:		
班级		第　　组	组长签字
教师签字		日期	

决 策 单

学习领域	焊接方法与设备		
学习情境1	压力容器的焊接	学时	64学时
任务1.4	16mm厚压力容器筒体钢板的气割	学时	10学时
方案讨论		组号	

方案决策	组别	步骤 顺序性	步骤 合理性	实施可 操作性	选用工具 合理性	方案综合评价
	1					
	2					
	3					
	4					
	5					
	1					
	2					
	3					
	4					
	5					
	1					
	2					
	3					
	4					
	5					

方案评价	评语:

班级		组长签字		教师签字		月 日

作 业 单

学习领域	焊接方法与设备		
学习情境1	压力容器的焊接	学时	64 学时
任务 1.4	16mm 厚压力容器筒体钢板的气割	学时	10 学时
作业方式	小组分析，个人解答，现场批阅，集体评判		
1	16mm 厚压力容器筒体钢板的气割方案		

作业评价：

班级		组别		组长签字	
学号		姓名		教师签字	
教师评分		日期			

检 查 单

学习领域	焊接方法与设备		
学习情境1	压力容器的焊接	学时	64 学时
任务 1.4	16mm 厚压力容器筒体钢板的气割	学时	10 学时
序号	检查项目	检查标准	学生自查	教师检查
1	任务书阅读与分析能力，正确理解及描述目标要求	准确理解任务要求		
2	与同组同学协商，确定人员分工	较强的团队协作能力		
3	查阅资料能力，市场调研能力	较强的资料检索能力和市场调研能力		
4	资料的阅读、分析和归纳能力	较强的分析报告撰写能力		
5	编制方案的能力	焊接方案的完整程度		
6	安全生产与环保	符合"5S"要求		
7	方案缺陷的分析诊断能力	缺陷处理得当		
8	切割断面质量	切割断面的质量要求		
检查评语	评语：			
班级		组别		组长签字	
教师签字				日期	

评 价 单

学习领域	焊接方法与设备			
学习情境 1	压力容器的焊接		学时	64 学时
任务 1.4	16mm 厚压力容器筒体钢板的气割		学时	10 学时
评价类别	评价项目	子项目	个人评价	组内互评	教师评价

评价类别	评价项目	子项目	个人评价	组内互评	教师评价
专业能力 （75%）	资讯（10%）	搜集信息（5%）			
		引导问题回答（5%）			
	计划（5%）	计划可执行度（5%）			
	实施（10%）	工作步骤执行（3%）			
		质量管理（3%）			
		安全保护（2%）			
		环境保护（2%）			
	检查（10%）	全面性、准确性（5%）			
		异常情况排除（5%）			
	任务结果（40%）	结果质量（40%）			
方法能力 （15%）	决策、计划能力 （15%）				
社会能力 （10%）	团结协作（5%）				
	敬业精神（5%）				
评价 评语	评语：				

班级		组别		学号		总评	
教师签字			组长签字		日期		

任务1.5 16mm厚压力容器筒体环缝埋弧焊

任　务　单

学习领域	焊接方法与设备		
学习情境1	压力容器的焊接	学时	64学时
任务1.5	16mm厚压力容器筒体环缝埋弧焊	学时	10学时
布置任务			
工作目标	收集整理各种压力容器的典型工艺，分析压力容器筒体环缝的使用要求及技术要求，编制焊接工艺方案，完成焊接工作。		
任务描述	收集整理各种压力容器的典型工艺，总结压力容器筒体环缝的焊接工艺特点和主要焊接过程；分析压力容器筒体环缝的使用要求、技术要求及结构特点，确定实施的焊接方法，选择合理的焊接材料、焊接设备及工具，选择合理的接头形式，确定合理的焊接参数；根据分析结果编写焊接方案；依据方案完成焊接工作。		
任务分析	各小组对任务进行分析、讨论： 1）收集整理各种压力容器的典型工艺。 2）分析压力容器筒体环缝的使用要求、技术要求及结构特点。 3）确定实施的焊接方法，选择合理的焊接材料、焊接设备及工具，选择合理的接头形式，确定合理的焊接参数。 4）编制16mm厚压力容器筒体环缝埋弧焊焊接方案并焊。		

学时安排	资讯 1学时	计划 2学时	决策 1学时	实施 4学时	检查 1学时	评价 1学时

提供资料	1）国际焊接工程师培训教程，2013。 2）焊接方法与设备，雷世明，机械工业出版社。 3）电焊工工艺与操作技术，周岐，机械工业出版社。 4）焊接方法与设备，陈淑惠，高等教育出版社。
对学生的要求	1）能对任务书进行分析，能正确理解和描述目标要求。 2）具有独立思考、善于提问的学习习惯。 3）具有查询资料和市场调研能力，具备严谨求实和开拓创新的学习态度。 4）能执行企业"5S"质量管理体系要求，具有良好的职业意识和社会能力。 5）具备一定的观察理解和判断分析能力。 6）具有团队协作、爱岗敬业的精神。 7）具有一定的创新思维和勇于创新的精神。

资 讯 单

学习领域	焊接方法与设备		
学习情境 1	压力容器的焊接	学时	64 学时
任务 1.5	16mm 厚压力容器筒体环缝埋弧焊	学时	10 学时
资讯方式	实物、参考资料		
资讯问题	1）埋弧焊的原理是什么？ 2）埋弧焊有哪些特点？ 3）埋弧焊时，焊丝与焊剂的选配原则有哪些？ 4）埋弧焊冶金过程的特点是什么？ 5）埋弧焊的设备有哪些？ 6）何谓电弧自身调节作用和电弧电压自动调节作用？ 7）埋弧焊的主要焊接参数对焊缝形状及质量有何影响？ 8）埋弧焊有哪些常见的焊接缺陷及其防止方法？ 9）压力容器筒体环缝的焊接有哪些特点？		
资讯引导	问题 1 可参考信息单 1.5.1。 问题 2 可参考信息单 1.5.1。 问题 3 可参考信息单 1.5.2。 问题 4 可参考信息单 1.5.2。 问题 5 可参考信息单 1.5.3。 问题 6 可参考信息单 1.5.3。 问题 7 可参考信息单 1.5.4。 问题 8 可参考信息单 1.5.4。 问题 9 可参考压力容器焊接工艺文件。		

信 息 单

1.5.1 埋弧焊的原理及特点

1. 埋弧焊的原理

埋弧焊是电弧在焊剂层下燃烧进行焊接的方法。这种方法是利用焊丝和焊件之间燃烧的电弧产生热量,熔化焊丝、焊剂和母材而形成焊缝的。焊丝为填充金属,而焊剂则对焊接区起保护和合金化作用。由于焊接时电弧掩埋在焊剂层下燃烧,电弧光不外露,因此被称为埋弧焊,其焊接工作原理如图 1-33 所示。

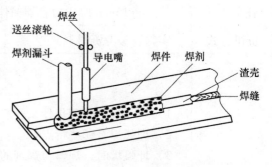

图 1-33 埋弧焊焊接工作原理

焊接时,电源输出端分别接在导电嘴和焊件上,先将焊丝由送丝机构送进,经导电嘴与焊件轻微接触,焊剂由漏斗口经软管流出后,均匀地堆敷在待焊处。引弧后,电弧将焊丝和焊件熔化形成熔池,同时将电弧区周围的焊剂熔化并有部分蒸发,形成一个封闭的电弧燃烧空间。密度较小的熔渣浮在熔池表面,将液态金属与空气隔绝开来,有利于焊接冶金反应的进行。随着电弧向前移动,熔池液态金属随之冷却凝固而形成焊缝,浮在表面的液态熔渣也随之冷却而形成渣壳。埋弧焊焊缝断面如图 1-34 所示。

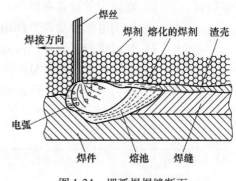

图 1-34 埋弧焊焊缝断面

2. 埋弧焊的特点

（1）优点

1）焊接质量好。因熔池有熔渣和焊剂的保护,使空气中的氮、氧难以侵入,提高了焊缝金属的强度和韧性。同时由于焊接速度快,热输入相对减少,故热影响区的宽度比焊条电弧焊时的小,有利于减少焊接变形及防止近缝区金属过热。另外,焊缝表面光洁、平整,成形美观。

2）焊接生产率高。埋弧焊可采用较大的焊接电流,同时因电弧加热集中,使熔深增加,单丝埋弧焊一次可焊透 20mm 以下不开坡口的钢板。而且埋弧焊的焊接速度也较焊条电弧焊快,单丝埋弧焊的焊接速度可达 30～50m/h,而焊条电弧焊的焊接速度约 6～8m/h,从而提高了焊接生产率。

3）节约焊接材料及电能。由于熔深较大,埋弧焊时可不开或少开坡口,减少了焊缝中焊丝的填充量,也节省了因加工坡口而消耗掉的母材。由于焊接时飞溅极少,又没有焊条头的损失,所以可节约焊接材料。另外,埋弧焊时电弧热量集中,而且利用率高,故在单位长度焊缝上所消耗的电能也大为降低。

4）改变焊工的劳动条件。由于实现了焊接过程机械化,操作较简便,而且电弧在焊剂层下燃烧没有弧光的有害影响，故可省去面罩；同时，放出烟尘也少，因此焊工的劳动条件得到了改善。

5）焊接范围广。埋弧焊不仅能焊接碳钢、低合金钢、不锈钢，还可以焊接耐热钢及铜合金、镍基合金等有色金属；此外，还可以进行磨损、耐蚀材料的堆焊。但不适用于铝、钛等氧化性强的金属和合金的焊接。

（2）缺点

1）焊接时不能直接观察电弧与坡口的相对位置，容易导致焊偏及未焊透，且不能及时调整焊接参数，故需要采用焊缝自动跟踪装置来保证焊炬对准焊缝。

2）埋弧焊使用电流较大，电弧的电场强度较高，电流小于100A时，电弧稳定性较差，因此不适宜焊接厚度小于1mm的薄件。

3）埋弧焊采用颗粒状焊剂进行保护，一般只适用于平焊或倾斜度不大的位置及角焊位置焊接，其他位置的焊接，则需采用特殊装置来保证焊剂对焊缝区的覆盖和防止熔池金属的流淌。

4）焊接设备比较复杂，维修保养工作量比较大，且仅适用于直的长焊缝和环形焊缝焊接，一些形状不规则的焊缝无法焊接。

1.5.2 埋弧焊的焊接材料与冶金特性

1. 焊丝和焊剂

（1）焊丝　焊接时作为填充金属同时用来导电的金属丝称为焊丝。埋弧焊的焊丝按结构不同，可分为实芯焊丝和药芯焊丝两类，生产中普遍使用的是实芯焊丝，药芯焊丝只在某些特殊场合使用。埋弧焊的焊丝按被焊材料不同，可分为碳素结构钢焊丝、合金结构钢焊丝、不锈钢焊丝等。常用的焊丝直径有2mm、3mm、4mm、5mm和6mm等规格。使用时，要求将焊丝表面的油、锈等清理干净，以免影响焊接质量。有些焊丝表面镀有一薄层铜，可防止焊丝生锈并使导电嘴与焊丝间的导电更为可靠，提高电弧的稳定性。

焊丝一般成卷供应，使用前要盘卷到焊丝盘上，在盘卷及清理过程中，要防止焊丝产生局部小弯曲或在焊丝盘中相互套叠。否则，会影响焊接时焊丝的正常送进，破坏焊接过程的稳定，严重时会迫使焊接过程中断。

（2）焊剂　埋弧焊时，能够熔化形成熔渣和气体，对熔化金属起保护并进行复杂的冶金反应的颗粒状物质称为焊剂。

1）焊剂的作用。

① 改善焊接工艺性能，使电弧能稳定燃烧，脱渣容易，焊缝成形美观。

② 焊接时熔化产生气体和熔渣，有效地保护电弧和熔池。

③ 对焊缝金属渗入合金，改善焊缝的化学成分和提高其力学性能。

2）焊剂的分类。

① 按制造方法不同，分为熔炼焊剂、烧结焊剂和黏结焊剂。

熔炼焊剂是由各种矿物原料混合后，在电炉中经过熔炼，再倒入水中粒化而成的焊剂。烧结焊剂是通过向一定比例的各种配料中加入适量的黏结剂，混合搅拌后在高温（400～1000℃）下烧结而成的一种焊剂。黏结焊剂是通过向一定比例的各种配料中加入适量的黏结剂，混合搅拌后粒化并在低温（400℃以下）下烘干而制成的一种焊剂，以前也称为陶质焊剂。

熔炼焊剂的颗粒强度高，化学成分均匀，是目前应用最多的一类焊剂；其缺点是熔炼过程中烧损严重，不能依靠焊剂向焊缝金属大量渗入合金元素。

非熔炼焊剂（烧结焊剂和黏结焊剂）的化学成分不均匀，脱渣性好，由于其没有熔炼过程，可通过焊剂向焊缝金属中大量渗入合金元素，增大焊缝金属的合金化。非熔炼焊剂，特别是烧结焊剂，现主要应用于焊接高合金钢和堆焊。

② 按化学成分分类，有高锰焊剂、中锰焊剂、低锰焊剂和无锰焊剂等，并根据焊剂中氧化锰、二氧化硅和氟化钙的含量高低，分成不同的焊剂类型。

（3）焊剂的保管　为保证焊接质量，焊剂应正确保管和使用。应存放在干燥的库房内，防止受潮。使用前应对焊剂进行烘干，熔炼焊剂要求在 200 ~ 250℃下烘焙 1 ~ 2h，烧结焊剂应在 300 ~ 400℃下烘焙 1 ~ 2h。使用回收的焊剂，应清除其中的渣壳、碎粉及其他杂物，并与新焊剂混匀后使用。

（4）焊剂和焊丝的配合　焊剂和焊丝的正确选用及二者之间的合理配合，是获得优质焊缝的关键，也是埋弧焊工艺过程的重要环节。所以必须按焊件的成分、性能和要求，正确、合理地选配焊剂和焊丝。

1）在焊接低碳钢和强度等级较低的合金钢时，选配焊剂和焊丝通常以满足力学性能要求为主，使焊缝强度达到与母材等强度，同时要满足其他力学性能指标要求。在此前提下，即可选用下面两种配合方式中的任何一种：用高锰高硅焊剂配合低碳钢焊丝或含锰焊丝；用无锰高硅或低锰中硅焊剂配合高锰焊丝。

2）焊接低合金高强度钢时，除要使焊缝与母材等强度之外，还要特别注意提高焊缝的塑性和韧性，一般选用中锰中硅或低锰中硅焊剂配合相应钢种焊丝。

3）焊接低温钢、耐热钢和耐蚀钢时，选择的焊剂和焊丝首先要保证焊缝具有与母材相同或相近的耐低温或耐热、耐蚀性能，为此可选用中硅或低硅型焊剂与相应的合金钢焊丝配合。

4）焊接奥氏体不锈钢等高合金钢时，主要是保证焊缝与母材有相近的化学成分，同时满足力学性能和抗裂性能等方面的要求。由于在焊接过程中，铬、钼等主要合金元素会烧损，应选用合金含量比母材高的焊丝；焊剂要选用碱度高的中硅或低硅焊剂，防止焊缝增硅而使性能下降。如果只有合金成分较低的焊丝，也可以配用专门的烧结焊剂或黏结焊剂焊接，依靠焊剂过渡必要的合金元素，同样可以获得满意的焊缝金属化学成分和性能。

在进行焊丝和焊接的配合时，还应考虑埋弧焊冶金特性和工艺特点。首先是考虑稀释率高的影响。在开 I 形坡口对接缝单道焊或双面焊以及开坡口对接缝的根部焊道焊接时，由于埋弧焊焊缝熔透深度大，母材大量熔化，稀释率可高达 70 %。在这种情况下，焊缝金属的成分在很大程度上取决于母材的成分，而焊丝的成分不起主要作用。因此选用合金元素含量低于母材的焊丝进行焊接，并不降低接头的强度。其次是考虑热输入高的影响。埋弧焊是一种高效焊接方法，为获得高的熔敷率，通常选用大电流焊接，因此，焊接过程中就产生了高的输入热量，结果降低了焊缝金属和热影响区的冷却速度，也就降低了接头的强度和韧性。因此在厚板开坡口焊缝填充焊道焊接时，应选用合金成分略高于母材的焊丝并配用中性焊剂。第三还应考虑焊接速度快的影响。埋弧焊一般的焊接速度为 25m/h，焊接速度最高可达 100m/h 以上。在这种情况下，焊缝良好的成形不仅取决于焊接参数的合理选配，而且也取决于焊剂的特性。硅钙型、锰硅型及氧化铝型焊剂的特性能满足高速埋弧焊的要求，常用焊剂与焊丝的选配及其用途可参见表1-9。

表1-9 常用焊剂与焊丝的选配及其用途

焊剂牌号	成分类型	配用焊丝	电流种类	用 途
HJ131	无 Mn 高 Si 低 F	镍基焊丝	交直流	镍基合金
HJ172	无 Mn 低 Si 高 F	相应钢种焊丝	直流	高铬铁素体型不锈钢
HJ251	低 Mn 中 Si 中 F	铬钼钢焊丝	直流	珠光体耐热钢
HJ260	低 Mn 高 Si 中 F	不锈钢焊丝	直流	不锈钢、轧辊堆焊
HJ430	高 Mn 高 Si 低 F	H08A，H08MnA	交直流	优质碳素结构钢
HJ431	高 Mn 高 Si 低 F	H08A，H08MnA	交直流	优质碳素结构钢
HJ432	高 Mn 高 Si 低 F	H08A	交直流	优质碳素结构钢
HJ433	高 Mn 高 Si 低 F	H08A	交直流	优质碳素结构钢
SJ401	硅锰型	H08A	交直流	低碳钢、低合金钢
SJ501	铝钛型	H08MnA	交直流	低碳钢、低合金钢
SJ502	铝钛型	H08A	交直流	重要低碳钢和低合金钢

2. 埋弧焊的冶金过程

（1）冶金过程的特点 埋弧焊的冶金过程是指液态熔渣与液态金属以及电弧气氛之间的相互作用，其中主要包括氧化、还原反应，脱硫、脱磷反应以及去除气体等过程。埋弧焊的冶金过程具有下列特点：

1）焊缝金属纯度较高且成分均匀。埋弧焊过程中，高温熔渣具有较强的脱硫、脱磷作用，焊缝金属中的硫、磷含量可控制在很低的范围内；同时，熔渣也具有去除气体成分的作用，因而大大降低了焊缝金属中氢和氧的含量，提高了焊缝金属的纯度。另外，埋弧焊时，由于焊接过程机械化操作，又有弧长自动调节系统，因此焊接参数（焊接电流、电弧电压及焊接速度）比焊条电弧焊稳定，即每单位时间内所熔化的金属和焊剂的数量较为稳定，因此焊缝金属的化学成分均匀。

2）焊缝金属的合金成分易于控制。埋弧焊焊接过程中可以通过焊剂或焊丝对焊缝金属渗入合金。焊接低碳钢时，可利用焊剂中的 SiO_2 和 MnO 的还原反应，对焊缝金属渗硅和渗锰，以保证焊缝金属应有的合金成分和力学性能。焊接合金钢时，通常利用相应的焊丝来保证焊缝金属的合金成分。因而，埋弧焊时焊缝金属的合金成分易于控制。

3）空气不易侵入焊接区。埋弧焊时，电弧在一层较厚的焊剂层下燃烧，部分焊剂在电弧热作用下立即熔化，形成液态熔渣和气泡，包围了整个焊接区和液态熔池，隔绝了周围的空气，具有良好的保护作用。

4）冶金反应充分。埋弧焊时，由于热输入大以及焊剂的作用，不仅使熔池体积大，同时由于焊接熔池和凝固的焊缝金属被较厚的熔渣层覆盖，焊接区的冷却速度较慢，使熔池金属凝固速度减缓，所以埋弧焊时金属熔池处于液态的时间要比焊条电弧焊长几倍，即液态金属与熔化的焊剂、熔渣之间有较多的时间进行相互作用，因而冶金反应充分，气体和杂质易析出，不易产生气孔、夹渣等缺陷。

(2）低碳钢埋弧焊时的主要冶金反应　埋弧焊的冶金反应主要是液态金属中某一元素被焊剂中某一元素取代的反应。对于低碳钢埋弧焊来说，最主要的冶金反应有硅、锰的还原反应，碳的氧化（烧损）反应，以及焊缝中氢、硫和磷含量的控制等。

1）硫、磷杂质的限制。硫、磷在金属中都是有害杂质，焊缝含硫量增加时会造成偏析而形成低温共晶，使产生热裂纹的倾向增大；焊缝含磷量增加时会引起金属的冷脆性，降低其冲击韧度。因此必须限制焊接材料中硫、磷的含量并控制其过渡。低碳钢埋弧焊所用的焊丝对硫、磷有严格的限制，一般要求 $w(S,P) \leqslant 0.040\%$。低碳钢埋弧焊常用的熔炼型焊剂可以在制造过程中通过冶炼限制硫、磷含量，使焊剂中的硫、磷含量控制在 $w(S,P) \leqslant 0.1\%$；而用非熔炼型焊剂焊接时，焊缝中的硫、磷含量则较难控制。

2）焊缝中硅、锰的还原反应。硅、锰是低碳钢焊缝金属中最重要的合金元素。锰可以降低焊缝中产生热裂纹的危险性，提高焊缝力学性能；硅可镇静焊接熔池，加快其脱氧过程，并保证焊缝金属的致密性。因此，必须有效控制熔池的冶金过程，保证焊缝金属中适当的硅、锰含量。

埋弧焊时，Si、Mn的还原程度以及向焊缝过渡的多少取决于焊剂成分、焊丝成分和焊接参数等因素。在上述诸因素的影响下，用高锰高硅低氟焊剂焊接低碳钢时，通常 $w(Mn)$ 的过渡量为 $0.1\% \sim 0.4\%$，而 $w(Si)$ 的过渡量为 $0.1\% \sim 0.3\%$。在实际生产条件下，可以根据焊缝化学成分的要求，调节上述各种因素，以达到控制硅、锰含量的目的。

3）熔池中的去氢反应。埋弧焊时对氢的敏感性比较大，经研究和实验证实，氢是埋弧焊时产生气孔和冷裂纹的主要原因。而防止气孔和冷裂纹的重要措施就是去除熔池中的氢。去氢的途径主要有两条：一是杜绝氢的来源，这就要求清除焊丝和焊件表面的水分、铁锈、油和其他污物，并按要求烘干焊剂；二是通过冶金手段去除已混入熔池中的氢。后一种途径对于焊接冶金来说非常重要，即可利用由焊剂中加入的氟化物分解出的氟元素和某些氧化物中分解出的氧元素，通过高温冶金反应与氢结合生成不溶于熔池的化合物 HF 和 OH，以去除熔池中的氢。

4）埋弧焊时碳的氧化烧损。低碳钢埋弧焊时，由于使用的熔炼焊剂中不含碳元素，因而碳只能通过焊丝及母材进入焊接熔池。焊丝熔滴中的碳在过渡过程中发生非常剧烈的氧化反应，同时在熔池内也有一部分碳被氧化，其结果将使焊缝中的碳元素烧损而出现脱碳现象。若增加焊丝中碳的含量，则碳的烧损量也增大。由于碳的剧烈氧化，熔池的搅动作用增强，使熔池中的气体容易析出，有利于遏制焊缝中气孔的形成。由于焊缝中碳的含量对焊缝的力学性能有很大的影响，所以碳烧损后必须补充其他强化焊缝金属的元素，才可保证焊缝力学性能的要求，这正是焊缝中硅、锰元素一般都比母材高的原因。

1.5.3　埋弧焊设备

1. 埋弧焊机的分类

1）按用途可分为专用焊机和通用焊机两种。

2）按送丝方式可分为等速送丝式埋弧焊机和变速送丝式埋弧焊机两种，前者适用于细焊丝高电流密度条件的焊接，后者则适用于粗焊丝低电流密度条件的焊接。

3）按焊丝的数目和形状可分为单丝埋弧焊机、多丝埋弧焊机及带状电极埋弧焊机。目前应用最广的是单丝埋弧焊机，多丝埋弧焊机常用的是双丝埋弧焊机和三丝埋弧焊机，带状电极埋弧焊机主要用作大面积堆焊。

4）按焊机的结构形式可分为小车式、悬挂式、车床式、门架式、悬臂式等。目前小车式、悬臂式用得较多。

尽管生产中使用的焊机类型很多，但根据其自动调节的原理都可归纳为电弧自身调节的等速送丝式埋弧焊机和电弧电压自动调节的变速送丝式埋弧焊机。

2. 埋弧焊机的主要功能

一般电弧焊的焊接过程包括起动引弧、焊接和熄弧停焊三个阶段。焊条电弧焊时，这几个阶段都是由焊工手工完成的；而埋弧焊时，这三个阶段是由机械机构自动完成。为此，埋弧焊机应具有的主要功能是：

1）建立焊接电弧，并向电弧供给电能。

2）连续不断地向焊接区送进焊丝，并自动保持确定的弧长和焊接参数不变，使电弧稳定燃烧。

3）使电弧沿接缝移动，并保持确定的行走速度。

4）在电弧前方不断地向焊接区铺撒焊剂。

5）控制焊机的引弧、焊接和熄弧停机的操作过程。

3. 埋弧焊机的组成

埋弧焊机由焊接电源、机械系统（包括送丝机构、行走机构、导电嘴、焊丝盘、焊剂漏斗等）、控制系统（控制箱、控制盘）等部分组成。典型的小车式埋弧焊机如图1-35所示。

图1-35　典型的小车式埋弧焊机

（1）焊接电源　埋弧焊电源有交流电源和直流电源。通常直流电源适用于小电流、快速引弧、短焊缝、高速焊接及焊剂稳弧性较差和对参数稳定性要求较高的场合。交流电源多用于大电流及直流磁偏吹严重的场合。一般埋弧焊电源的额定电流为500～2000A，具有缓降或陡降外特性，负载持续率为100%。

（2）机械系统　送丝机构包括送丝电动机及传动系统、送丝滚轮和矫直滚轮等。它的作用是可靠地送丝并具有较宽的调节范围。行走机构包括行走电动机及传动系统、行走轮及离合器等。行走轮一般采用绝缘橡胶轮，以防焊接电流经车轮而短路。焊丝的接电是靠导电嘴实现的，对其要求是导电率高、耐磨、与焊丝接触可靠。

（3）控制系统　埋弧焊控制系统包括送丝控制、行走控制、引弧和熄弧控制等，大型专用焊机还包括横臂升降、收缩、主轴旋转及焊剂回收等控制。一般埋弧焊机常设一控制箱来安装主要控制元件，但在采用晶闸管等电子控制电路的新型埋弧焊机中已没有单独控制箱，控制元件安装在控制盘和电源箱内。

4. 埋弧焊辅助设备

埋弧焊辅助设备主要有焊接操作机、焊接滚轮架和焊剂回收装置等。

（1）焊接操作机　焊接操作机的作用是将焊机机头准确地送到并保持在待焊位置上，并以给定的速度均匀移动焊机。通过它与埋弧焊机和焊接滚轮架等设备配合，可以方便地完成内外环缝、内外纵缝的焊接；与焊接变位机配合，可以焊接球形容器焊缝等。

1）立柱式焊接操作机。立柱式焊接操作机的构造如图1-36所示，用以完成纵缝、环缝多工位的焊接。

图1-36　立柱式焊接操作机

2）平台式焊接操作机。平台式焊接操作机的构造如图1-37所示，适用于外纵缝、外环缝的焊接。

图1-37　平台式焊接操作机

3）龙门式焊接操作机。龙门式焊接操作机的构造如图1-38所示，适用于大型圆筒构件外纵缝和外环缝的焊接。

图1-38　龙门式焊接操作机

（2）焊接滚轮架　焊接滚轮架是靠滚轮与焊件间的摩擦力带动焊件旋转的一种装置，如图1-39所示，适用于筒形焊件和球形焊件的纵缝与环缝的焊接。

图1-39　焊接滚轮架

（3）焊剂回收装置　焊剂回收装置如图1-40所示，主要用于焊剂的回收。

5. 埋弧焊机常见故障及处理

埋弧焊机常见的故障及处理方法见表1-10。

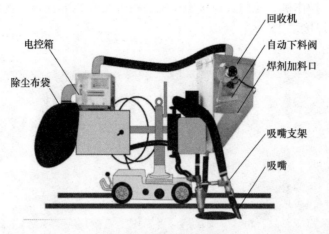

电控箱
除尘布袋
回收机
自动下料阀
焊剂加料口
吸嘴支架
吸嘴

图 1-40　焊剂回收装置

表 1-10　埋弧焊机常见的故障及处理方法

故 障 特 征	产 生 原 因	处 理 方 法
按起动按钮，线路工作正常，但引不起弧	焊接电源未接通	接通焊接电源
	电源接触器接触不良	检查并修复接触器
	焊丝与焊件接触不良	清理焊丝与焊件的接触点
	焊接回路无电压	检查并修复
起动后，焊丝一直向上	机头上电弧电压反馈引线未接或断开	接好引线
	焊接电源未起动	起动焊接电源
按焊丝向下或向上按钮时，送丝电动机不逆转	送丝电动机有故障	修理送丝电动机
	电动机电源线接点断开或损坏	检查电源线路接点并修复
线路工作正常，焊接参数正确，但焊丝给送不均，电弧不稳	焊丝给送压紧轮磨损或压得太松	调整压紧轮或更换焊丝给送滚轮
	焊丝被卡住	清理焊丝，使其顺畅送进
	送丝机构有故障	检查并修复送丝机构
	网路电压波动太大	使用专用焊机线路，保持网路电压稳定
	导电嘴导电不良，焊丝脏	更换导电嘴，清理焊丝上的脏物
焊接过程中机头或导电嘴的位置不时改变	焊接小车有关部位间隙大或机件磨损	进行修理达到适当间隙
		更换磨损件
焊机起动后，焊丝周期地与焊件粘住或常常断弧	粘住是因为电弧电压太低，焊接电流太小或网路电压太低	调整电弧电压和焊接电流
	常断弧是因为电弧电压太高，焊接电流太大或网路电压太高	等网路电压正常后再进行焊接
导电嘴以下焊丝发红	导电嘴导电不良	更换导电嘴
	焊丝伸出长度太长	调节焊丝至合适的伸出长度
导电嘴末端熔化	焊丝伸出太短	增加焊丝伸出长度
	焊接电流太大或焊接电压太高	调节合适的焊接参数
	引弧时焊丝与焊件接触太紧	使焊丝与焊件接触可靠但不要太紧

故障特征	产生原因	处理方法
起动小车不动或焊接过程中，小车突然停止	离合器未合上	合上离合器
	行车速度旋钮在最小位置	将行车速度旋钮调到需要位置
	焊接开关在空载位置	拨到焊接位置
按起动按钮后，不见电弧产生，焊丝将机头顶起	焊丝与焊件没有导电接触	清理接触部分
停止焊接后，焊丝与焊件粘住	MZ-1000 型焊机的停止按钮未分两步按动，而是一次按下	按照焊机的规定程序按动停止按钮
起动后焊丝粘住焊件	焊丝与焊件接触太紧	保证接触可靠但不要太紧
	焊接电压太低或焊接电流太小	调整电流、电压至合适值
焊丝没有与焊件接触，焊接回路即带电	焊接小车与焊件之间绝缘不良或损坏	检查小车车轮绝缘
		检查焊接小车下面是否有金属与焊件短路

6. 埋弧焊的自动调节

在埋弧焊过程中，维持电弧稳定燃烧和保持焊接参数基本不变是保证焊接质量的基本要求。埋弧焊的电弧静特性曲线一般是接近于水平的一条线段，为使电弧能稳定工作，电弧静特性曲线与焊接电源外特性曲线的关系必须符合稳定条件，即两曲线必须有交点，而且在交点处电源外特性曲线的斜率必须小于电弧静特性曲线的斜率。由此可知，埋弧焊时，一般应选用具有下降外特性的焊接电源，才能保证电弧的稳定燃烧。

埋弧焊时，按下起动按钮后焊机就会按预先给定的焊接参数进行焊接，直到按下停止按钮结束焊接过程。为了保证获得稳定可靠的焊缝质量，要求焊接过程中焊接参数稳定，特别是焊接电流和电弧电压能稳定不变。但是，焊接过程中某些外界因素常会使焊接参数偏离预定值，导致焊接过程不稳定。焊接过程的外界干扰主要来自弧长波动和网压波动两个方面。弧长波动是在焊接过程中，由于焊件不平整、装配不良或遇到定位焊点以及送丝速度不均匀等原因引起的，它将使电弧静特性发生移动，从而影响焊接参数。网压波动是因焊机供电网路中负载突变，使焊接电源的外特性发生变化。当埋弧焊过程受到上述干扰时，操作者往往来不及或不可能采取调整措施。因此，埋弧焊机除了应具有各种动作功能外，还应具有自动调节的能力，以消除或减弱外界干扰的影响，保证焊接质量的稳定。

（1）电弧自身调节系统　这种系统在焊接时，焊丝以预定的速度等速送进。它的调节作用是利用电弧焊时焊丝的熔化速度与焊接电流和电弧电压之间固有的关系自动进行的。这种调节系统的静特性曲线实际上就是焊接过程中电弧的稳定工作曲线，或称为等熔化速度曲线。电弧在这一曲线上任何一点工作时，焊丝熔化速度是不变的，并恒等于焊丝的送进速度，焊接过程稳定进行。电弧在此曲线以外的点上工作时，焊丝的熔化速度不等于焊丝的送进速度，因此，焊接过程不能稳定。当焊接条件改变时，系统的静特性曲线就会相应地改变。

1）弧长波动。这种系统在弧长波动时，经过电弧自身调节作用，可以使电弧完全恢复至波动前的长度，即能使焊接参数恢复至预定值，其调节过程如图 1-41 所示。在弧长变化之前，电弧的稳定工作点为 O_0 点。O_0 点是电弧静特性曲线 l_0、电源外特性曲线 MN 和电弧自身调节系统静特性曲线 C 三者的交点。电弧以该点对应的焊接参数燃烧时焊丝的熔化速度等于焊丝的送进速度，焊接过程稳定。

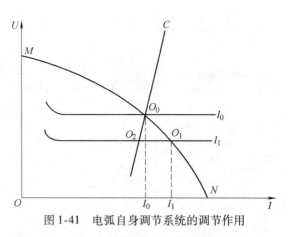

图 1-41　电弧自身调节系统的调节作用

如果外界干扰使弧长缩短，电弧静特性曲线变为 l_1，并与电源外特性曲线交于 O_1 点，电弧暂时移至此点工作。此时 O_1 点不在 C 曲线上而在其右侧，其实际电流 I_1 大于维持稳定燃烧所需的电流 I_0，因而焊丝的熔化速度大于焊丝的送进速度，这将使弧长逐渐增加，直到恢复至 l_0。弧长拉长时的调节过程与此类似，最后都将使电弧工作点回到 O_0 点，焊接过程又恢复稳定。可见，这种系统的调节作用是基于等速送丝时弧长变化导致焊接电流变化，进而导致焊丝熔化速度变化而使弧长得以恢复的，所以应用于等速送丝式埋弧焊机。

2）网路电压波动。网路电压波动将使焊接电源的外特性曲线发生移动，从而对电弧自身调节系统造成影响，如图 1-42 所示。当焊丝送进速度一定时，电弧自身调节系统静特性曲线 C、电弧静特性曲线 l_1 与网路电压波动前的电源外特性曲线 MN 交于 O_1 点，此点为电弧的稳定工作点。如果网路电压降低，将使焊接电源的外特性曲线由 MN 变到 $M'N'$，电弧工作点移至 O_2 点。显然，O_2 点的焊接参数满足焊丝熔化速度等于送丝速度的稳定条件，因而也是稳定工作点。此时电弧长度缩短，电弧静特性曲线变为 l_2。这种情况下，除非网路电压恢复至原先的值，否

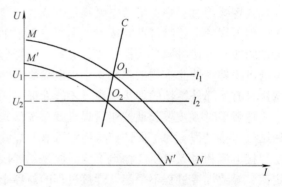

图 1-42　网路电压波动对电弧自身调节系统的影响

则，电弧将在 O_2 点稳定工作，而不能恢复到 O_1 点。因此，电弧自身调节系统的调节能力不能消除网路电压波动对焊接参数的影响。

采用电弧自身调节系统的埋弧焊机适宜配用缓降或平外特性的焊接电源。一方面是因为缓降或平外特性的电源在弧长发生波动时引起的焊接电流变化大，导致焊丝熔化速度变化快，因而可提高电弧自身调节系统的调节速度；另一方面是因为缓降或平外特性电源在网路电压波动时，引起的弧长变化小，所以可减小网路电压波动对焊接参数（特别是对电弧电压）的影响。

（2）电弧电压反馈自动调节系统　这种调节系统是利用电弧电压反馈来控制送丝速度的。在受到外界因素对弧长的干扰时，通过强迫改变送丝速度来恢复弧长，也称为均匀调节系统。与电弧自身调节系统一样，电弧电压反馈调节系统静特性曲线上的每一点都是稳定工作点，即电弧以曲线上任一点对应的焊接参数燃烧时，焊丝的熔化速度都等于焊丝的送进速度，焊接过程稳定进行。曲线与纵坐标的截距取决于给定电压值。焊接过程中，系统不断地检测电弧电压，并与给定电压进行比较。当电弧电压高于维持静特性曲线所需值而使电弧工

作点位于曲线上方时，系统便会按比例加大送丝速度；反之，系统便会自动减慢送丝速度。只有当电弧电压与给定电压使电弧工作点位于静特性曲线上时，电弧电压反馈调节系统才不起作用，此时焊接电弧处于稳定工作状态。

1）弧长波动。这种系统在弧长波动时的调节过程可由图1-43说明。图中O_0点是弧长波动前的稳定工作点，它由电弧静特性曲线l_0、电源外特性曲线MN和电弧电压反馈调节系统静特性曲线三条曲线的交点确定。电弧在O_0点工作时，焊丝的熔化速度等于其送丝速度，焊接过程稳定。当外界干扰使弧长突然变短时，则电弧静特性降至l_1，此时与电弧电压反馈调节系统静特性曲线交于O_2点。焊丝的送进速度由O_2点的电压决定，因O_2点的电压低于O_0点，将使送丝速度减慢，电弧逐渐变

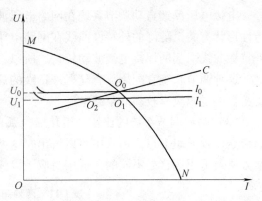

图1-43　电弧电压反馈自动调节系统的调节作用

长，电压沿着电弧电压反馈调节系统静特性曲线向O_0点靠近而逐渐升高，从而实现了电弧电压的自动调节，使弧长恢复到原值。在弧长变短的过程中，电弧静特性曲线还与电源外特性曲线相交于O_1点，即此时焊接电流有所增大，将使焊丝熔化速度加快，也就是说电弧的自身调节也对弧长的恢复起了辅助作用，从而加快了调节过程。可见，这种系统的调节作用是在弧长变化后主要通过电弧电压的变化而改变焊丝的送进速度，从而使弧长得以恢复的，因而应用于变速送丝式埋弧焊机。

这种调节系统需要利用电弧电压反馈调节器进行调节。目前埋弧焊机常用的电弧电压反馈调节器主要有以下两种：

① 发电机-电动机电弧电压反馈自动调节器。这种调节系统的最大优点是可以利用同一电路实现电动机的无触点正反转控制，因而可实现理想的反抽引弧控制。这种结构的电弧电压反馈自动调节器，仍是目前变速送丝式埋弧焊机的主要应用形式。

② 晶闸管电弧电压反馈自动调节器。这种调节系统的缺点是电动机正反转需通过另外的继电器触点进行控制，因而对回抽引弧的可靠性及使用寿命有一定的影响，但其结构简单轻便，制造成本较低，可望得到改进后进一步扩大应用。

2）网路电压波动。网路电压波动后焊接电源的外特性也随之产生相应的变化，图1-44所示为网路电压降低时电弧电压反馈调节系统的工作情况。随着网路电压下降，焊接电源的外特性曲线从MN变为$M'N'$。在网路电压变化的瞬间，弧长尚未变动，电弧静特性曲线仍为l_0，但电源的外特性曲线变为$M'N'$后的电弧工作点随之移到O_1点，由于O_1点在电弧电压反馈调节系统静特性曲线的上方，因而它不是稳定工作点，即电弧在O_1点处工作时焊丝的送进速度大于其熔化速度，因而电弧工作点沿曲线$M'N'$移动，并与电

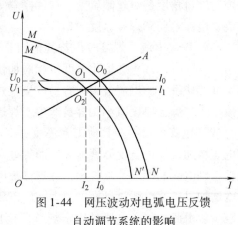

图1-44　网压波动对电弧电压反馈
自动调节系统的影响

弧电压反馈调节系统静特性曲线交于点 O_2，即 O_2 点为新的稳定工作点。O_2 点与 O_0 点相比较，除电弧电压相应降低外，焊接电流有较大波动，除非网路电压恢复为原来的值，否则这种调节系统不能使电弧恢复到原来的稳定状态（伪点）。

电弧电压反馈自动调节系统在网路电压波动时，引起焊接电流变化的大小与焊接电源外特性形状有关。陡降的外特性曲线在网路电压波动时引起的焊接电流波动小；反之，缓降的外特性曲线引起的焊接电流波动较大。所以，为了防止因网路电压波动引起焊接电流波动过大，这种调节系统宜配用具有陡降外特性的焊接电源。同时，为了易于引弧和使电弧燃烧稳定，焊接电源应有较高的空载电压。

（3）两种调节系统的比较　熔化极电弧的自身调节系统和电弧电压反馈自动调节系统的特点比较见表1-11。由表中可以看出，这两种调节系统对焊接设备的要求、焊接参数的调节方法及适用场合是不同的，选用时应予以注意。

表 1-11　两种调节系统的特点比较

比 较 内 容	调 节 方 法	
	电弧自身调节作用	电弧电压反馈自动调节作用
采用的电源外特性	平特性或缓降特性	陡降或垂降特性
控制电路及机构	简单	复杂
采用的送丝方式	等速送丝	变速送丝
控制弧长恒定的效果	好	好
适用的焊丝直径/mm	0.8～3.0	3.0～6.0
电弧电压调节方法	改变电源外特性	改变送丝系统的给定电压
焊接电流调节方法	改变送丝速度	改变电源外特性
网路电压波动的影响	产生静态电弧电压误差	产生静态焊接电流误差

1.5.4　埋弧焊工艺

1. 埋弧焊的焊接参数

埋弧焊的焊接参数有焊接电流、电弧电压、焊接速度、焊丝伸出长度、焊丝直径、装配间隙与坡口角度、焊丝倾斜角、焊件倾斜等。其中对焊缝成形和焊接质量影响最大的是焊接电流、电弧电压和焊接速度。

（1）焊接电流　焊接时，若其他因素不变，焊接电流增加，则电弧吹力增强，焊缝厚度增大。同时，焊丝的熔化速度也相应加快，焊缝余高稍有增加。但电弧的摆动小，所以焊缝宽度变化不大。电流过大，容易产生咬边或成形不良，使热影响区增大，甚至造成烧穿。电流过小，焊缝厚度减小，容易产生未焊透，电弧稳定性也差。

（2）电弧电压　在其他因素不变的条件下，增加电弧长度，则电弧电压增加。随着电弧电压增加，焊缝宽度显著增大，而焊缝厚度和余高减小。这是因为电弧电压越高，电弧就越长，则电弧的摆动范围扩大，使焊件被电弧加热面积增大，以致焊缝宽度增大。然而电弧长度增加以后，电弧热量损失加大，所以用来熔化母材和焊丝的热量减少，使焊缝厚度和余高减少。由此可见，电流是决定焊缝厚度的主要因素，而电压则是影响焊缝宽度的主要因素。为了获得良好的焊缝成形，焊接电流必须与电弧电压进行良好的匹配。

（3）焊接速度　焊接速度对焊缝厚度和焊缝宽度有明显影响。当焊接速度增加时，焊缝厚度和焊缝宽度都大为下降，这是因为焊接速度增加时，焊缝中单位时间内输入的热量减少的缘故。焊接速度过大，则易形成未焊透、咬边、焊缝粗糙不平等缺陷；焊接速度过小，则会形成易裂的"蘑菇形"焊缝或产生烧穿、夹渣、焊缝不规则等缺陷。

（4）焊丝伸出长度　一般将导电嘴出口到焊丝端部的长度称为焊丝伸出长度。当焊丝伸出长度增加时，则电阻热作用增大，使焊丝熔化速度增快，以致焊缝厚度稍有减少，余高略有增加；伸出长度太短，则易烧坏导电嘴。焊丝伸出长度随焊丝直径的增大而增大，一般为 15～40mm。

（5）焊丝直径　当焊接电流不变时，随着焊丝直径的增大，电流密度减小，电弧吹力减弱，电弧的摆动作用加强，使焊缝宽度增加而焊缝厚度减小。焊丝直径减小时，电流密度增大，电弧吹力增大，使焊缝厚度增加。故用同样大小的电流焊接时，小直径焊丝可获得较大的焊缝厚度。

（6）装配间隙与坡口角度　当其他焊接工艺条件不变时，焊件装配间隙与坡口角度的增大，会使焊缝厚度增加，而余高减少，但焊缝厚度加上余高的焊缝总厚度大致保持不变。因此，为了保证焊缝的质量，埋弧焊对焊件装配间隙与坡口加工的工艺要求较严格。

（7）焊丝倾斜角　埋弧焊的焊丝位置通常垂直于焊件，但有时也采用焊丝倾斜方式。焊丝向焊接方向倾斜称为后倾，反焊接方向倾斜则称为前倾。焊丝后倾时，电弧吹力对熔池液态金属的作用加强，有利于电弧的深入，故焊缝厚度和余高增大，而焊缝宽度明显减小。焊丝前倾时，电弧对熔池前面的焊件预热作用加强，使焊缝宽度增大，而焊缝厚度减小。

（8）焊件倾斜　焊件有时因处于倾斜位置，因而有上坡焊和下坡焊之分。上坡焊与焊丝后倾作用相似，焊缝厚度和余高增加，焊缝宽度减小，形成窄而高的焊缝，甚至产生咬边；下坡焊与焊丝前倾作用相似，焊缝厚度和余高都减小，而焊缝宽度增大，且熔池内液态金属容易下淌，严重时会造成未焊透。所以，无论是上坡焊或下坡焊，焊件的倾角都不得超过 8°，否则会破坏焊缝成形及引起焊接缺陷。

2. 埋弧焊技术

（1）埋弧焊的焊前准备

1）坡口的选择与加工。由于埋弧焊可使用较大电流焊接，电弧具有较强的穿透力，所以当焊件厚度不太大时，一般不开坡口也能将焊件焊透。但随着焊件厚度的增加，不能无限地提高焊接电流，为了保证焊件焊透，并使焊缝成形良好，应在焊件上开坡口。坡口形式与焊条电弧焊时基本相同，其中尤以 X 形、Y 形、U 形坡口最为常用。当焊件厚度为 10～24mm 时，多为 Y 形坡口；厚度为 24～60mm 时，可开 X 形坡口；对于一些要求高的厚大焊件的重要焊缝，一般多开 U 形坡口。埋弧焊焊缝坡口的基本形式已经标准化，各种坡口适用的厚度、基本尺寸和标注方法见 GB/T 985.2—2008《埋弧焊的推荐坡口》的规定。

坡口常用气割或机械加工方法制备。气割一般采用半自动或自动气割机方便地割出直边、Y 形和双 Y 形坡口。手工气割很难保证坡口边缘的平直和光滑，对焊接质量的稳定性有较大影响，尽可能不采用。如果必须采用手工气割加工坡口，一定要把坡口修磨到符合要求后才能装配焊接。用刨削、车削等机械加工方法制备坡口，可以达到比气割坡口更高的精度。目前，U 形坡口通常采用机械加工方法制备。

2）焊件的清理与装配。焊件装配前，需将坡口及附近区域表面上的锈蚀、油污、氧化物、水分等清理干净。大量生产时可用喷丸处理方法；批量不大时也可手工清理，即用钢丝刷、风动和电动砂轮或钢丝轮等进行清除；必要时还可用氧乙炔焰烘烤焊接部位，以烧掉焊件表面的污垢和油漆，并烘干水分。机械加工的坡口容易在坡口表面沾染切削液或其他油脂，焊前也可用挥发性溶剂将污染部位清洗干净。

焊件装配时必须保证接缝间隙均匀，高低平整不错边，特别是在单面焊双面成形的埋弧焊中更应严格控制。装配时，焊件必须用夹具或定位焊可靠地固定。定位焊使用的焊条要与焊件材料性能相符，其位置一般应在第一道焊缝的背面，长度一般不大于 30mm。定位焊缝应平整，且不允许有裂纹、夹渣等缺陷。

对直缝的焊件装配，须在接缝两端加装引弧板和引出板。如果焊件带有焊接试板，应将其与工件装配在一起。加装引弧板和引出板是因为埋弧焊焊接速度快，刚引弧时焊件来不及达到热平衡，引弧处质量不易保证。装上引弧板后，电弧在引弧板上引燃后进入焊件，可保证焊件上焊缝端头的质量。同理，焊件（包括试板）焊缝焊完后将整个熔池引到引出板上再结束焊接，可防止收弧处熔池金属流失或留下弧坑，保证焊缝末端质量。

引弧板和引出板的材质和坡口尺寸应与所焊焊件相同，焊接结束后将引弧板和引出板割掉即可。焊接环焊缝时，引弧部位与正常焊缝重叠，熄弧可在已焊成的焊缝上进行，不需另外加装引弧板和引出板。

3）焊丝表面清理与焊剂烘干。埋弧焊用的焊丝要严格清理，焊丝表面的油、锈及拔丝用的润滑剂都要清理干净，以免污染焊缝而造成气孔。

焊剂在运输及储存过程中容易吸潮，所以使用前应经烘干去除水分。一般焊剂须在 250℃下烘干，并保温 1～2h。限用直流焊接的焊剂使用前必须经 350～400℃烘干，并保温 2h，烘干后应立即使用。回收使用的焊剂要过筛清除焊渣等杂质后才能使用。

4）焊机的检查与调试。焊前应检查接到焊机上的动力线、焊接电缆接头是否松动，接地线是否连接妥当。导电嘴是易损件，一定要检查其磨损情况和是否夹持可靠。焊机要进行调试，检查仪表指示及各部分动作情况，并按要求调好预定的焊接参数。对于电弧电压反馈式埋弧焊机或在滚轮架上焊接的其他焊机，焊前应实测焊接速度。测量时标出 0.5～1min 内焊接小车移动或焊件转动过的距离，计算出实际焊接速度。起动焊机前，应再次检查焊机和辅助装置的各种开关、旋钮等位置是否正确无误，离合器是否可靠接合。检查无误后，按焊机的操作顺序进行焊接操作。

（2）对接接头的埋弧焊技术

1）对接接头双面埋弧焊。双面焊是埋弧焊对接接头最主要的焊接技术，适用于中厚板的焊接。这种方法须由焊件的两面分别施焊，焊完一面后翻转焊件再焊另一面。由于焊接过程全部在平焊位置完成，因而焊缝成形和焊接质量较易控制，焊接参数的波动小，对焊件装配质量的要求不是太高，一般都能获得满意的焊接质量。在焊接双面埋弧焊第一面时，既要保证一定的熔深，又要防止熔化金属的流溢或烧穿焊件。所以焊接时必须采取一些必要的工艺措施，以保证焊接过程顺利进行。按采取的不同措施，可将双面埋弧焊分为以下四种：

① 不留间隙双面焊。这种焊接法就是在焊第一面时焊件背面不加任何衬垫或辅助装置，因此也称为悬空焊接法。为防止液态金属从间隙中流失或引起烧穿，要求焊件在装配时不留间隙或只留很小的间隙（一般不超过 1mm）。第一面焊接时所用的焊接参数不能太大，只需

使焊缝的熔深达到或略小于焊件厚度的一半即可。而焊接反面时由于已有了第一面的焊缝做依托，且为了保证焊件焊透，便可用较大的焊接参数进行焊接，要求焊缝的熔深应达到焊件厚度的60%~70%。这种焊接方法一般不用于厚度太大的焊件焊接。

② 预留间隙双面焊。这种焊接方法是在装配时，根据焊件的厚度预留一定的装配间隙，进行第一面焊接时，为防止熔化金属流溢，接缝背面应衬以焊剂垫或临时工艺垫板，并需采取措施使其在焊缝全长都与焊件贴合，并且压力均匀。第一面的焊接参数应保证焊缝熔深超过焊件厚度的60%~70%；焊完第一面后翻转焊件，进行反面焊接，其焊接参数可与第一面焊接时相同，但必须保证完全熔透。对于重要产品，在反面焊接前需进行清根处理，此时焊接参数可适当减小。

③ 开坡口双面焊。对于不宜采用较大热输入焊接的钢材或厚度较大的焊件，可采用开坡口双面焊。坡口形式由焊件厚度决定，通常焊件厚度小于22mm时开Y形坡口，大于22mm时开X形坡口。开坡口的焊件焊接第一面时，可采用焊剂垫。当无法采用焊剂垫时可采用悬空焊，此时坡口应加工平整，同时保证坡口装配间隙不大于1mm，以防止熔化金属流溢。

④ 焊条电弧焊封底双面焊。对于无法使用衬垫或不便翻转的焊件，也可采用焊条电弧焊先仰焊封底，再用埋弧焊焊正面焊缝的方法。这类焊缝可根据板厚情况开或不开坡口。一般厚板焊条电弧焊封底多层埋弧焊保证封底厚度大于8mm，以免埋弧焊时烧穿。由于焊条电弧焊熔深浅，所以在正面进行埋弧焊时必须采用较大的焊接参数，以保证焊件焊透。板厚大于40mm时宜采用多层多道埋弧焊。此外，对于重要构件，常采用TIG焊打底，再用埋弧焊焊接的方法，以确保底层焊缝的质量。

2）对接接头单面埋弧焊。双面埋弧焊虽然获得广泛应用，但由于施焊时焊件需翻转，给生产带来很大麻烦，也使生产率大大降低。在对接接头中采用单面埋弧焊，可用强迫成形的方法实现单面焊双面成形，因而可免除焊件翻转带来的麻烦，大大提高生产率，减轻劳动强度，降低生产成本。但用这种方法焊接时，电弧功率和热输入大，接头的低温韧性较差，通常适用于中薄板的焊接。

对接接头单面埋弧焊是使用较大焊接电流将焊件一次熔透的方法。由于焊接熔池较大，只有采用强制成形的衬垫，使熔池在衬垫上冷却凝固，才能达到一次成形。按衬垫的形式可将其分为以下三种：

① 在铜衬垫上焊接。铜衬垫是有一定宽度和厚度的纯铜板，在其上加工出一道成形槽，并采用机械方法使它贴紧在焊件接缝的下面，就能托住熔池金属，控制焊缝背面成形。

焊接厚度为1~3mm的薄板时不留装配间隙，直接在铜衬垫上焊接。焊接更厚的焊件时，为了改善背面成形条件，常采用焊剂–铜垫法。使用这种方法时，焊件可以不开坡口，但要留合适的装配间隙。焊接前先在铜衬垫的成形槽中铺上一薄层焊剂，焊接时这部分焊剂既可避免因局部区段铜衬垫没有贴紧而使熔池金属流溢，又可保护铜衬垫免受电弧的直接作用。这种焊接方法对焊件装配质量、焊接参数要求不是十分严格，根据铜衬垫尺寸及贴紧方式不同，在铜衬垫上焊接可分为龙门压力架固定式和随焊车联动的移动式两种。

② 在焊剂垫上焊接。利用充气橡胶软管衬托的焊剂垫，也可防止熔池金属的流溢，达到单面焊双面成形的目的。为使背面焊缝成形均匀整齐，要求焊剂垫的衬托压力必须适当且均匀，焊件装配间隙必须整齐。焊接薄板时，为防止因变形而造成焊剂垫贴紧程度变差，一般用压力架式电磁平台等方法将焊件紧紧吸附在电磁平台上，使焊件保持平整。对于焊件位

置不固定的曲面焊缝，可采用热固化焊剂垫法焊接。这种方法是将热固化焊剂制成柔性板条。使用时，将此板条紧贴在焊件接缝的背面，并用磁铁夹具等固定。由于这种焊剂垫中加入了一定比例的热固化物质，当温度升高到 100~150℃ 时焊剂垫固化成具有一定刚性的板条，用以在焊接时支承熔池和帮助焊缝成形。

③ 在永久性垫板或锁底上焊接。当焊件结构允许焊后保留永久性垫板时，厚度在 10mm 以下的焊件可采用永久性垫板单面焊的方法。垫板必须紧贴焊件表面，垫板与焊件板面间的间隙不得超过 1mm。厚度大于 10mm 的焊件，可采用锁底接头焊接的方法。

3）对接接头环缝埋弧焊。环缝埋弧焊是制造圆柱形容器最常用的一种焊接形式，它一般先在专用的焊剂垫上焊接内环缝，然后再在滚轮转胎上焊接外环缝。由于筒体内部通风较差，为改善劳动条件，环缝坡口通常不对称布置，将主要焊接工作量放在外环缝，内环缝主要起封底作用。焊接时，通常采用机头不动，让焊件匀速转动的方法进行焊接，焊件转动的切线速度即是焊接速度。环缝埋弧焊的焊接参数可参照平板双面对接的焊接参数选取，焊接操作技术也与平板对接埋弧焊时的基本相同。

为了防止熔池中液态金属和熔渣从转动的焊件表面流失，无论焊接内环缝还是外环缝，焊丝位置都应逆焊件转动方向偏离中心线一定距离，使焊接熔池接近于水平位置，以获得较好成形。焊丝偏置距离随所焊筒体直径而变，一般为 30~80mm。

（3）T 形接头和搭接接头的埋弧焊技术　T 形接头和搭接接头的焊缝均是角焊缝，埋弧焊时可采用船形焊和横角焊两种形式。小焊件及焊件易翻转时多用船形焊；大焊件及不易翻转时则用横角焊。

1）船形焊缝埋弧焊。船形焊缝埋弧焊示意图如图 1-45 所示。它是将装配好的焊件旋转一定的角度，相当于在呈 90° 的 V 形坡口内进行平对接焊。由于焊丝为垂直状态，熔池处于水平位置，因而容易获得理想的焊缝形状。一次成形的焊脚尺寸较大，而且通过调整焊件旋转角度（即图 1-45 中的 α 角）就可有效地控制角焊缝两边熔合面积的比例。当板厚相等时，为对称船形焊，

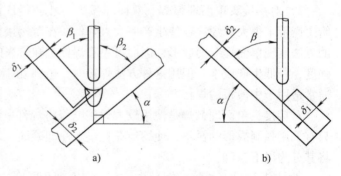

图 1-45　船形焊缝埋弧焊示意图
a）T 形接头　b）搭接接头

此时焊丝与接头中心线重合，熔池对称，焊缝在两板上的焊脚相等；当板厚不相等时，取 $\alpha < 45°$，此为不对称船形焊，焊丝与接头中心线不重合，使焊丝端头偏向厚板，因而熔合区偏向厚板一侧。

船形焊对接头的装配质量要求较高，要求接头的装配间隙不得超过 1.5mm。否则，便需采取工艺措施，如预填焊丝、预封底或在接缝背面设置衬垫等，以防止熔化金属从装配间隙中流失。选择焊接参数时应注意电弧电压不能过高，以免产生咬边。此外，焊缝的成形系数不大于 2 才有利于焊缝根部焊透，也可避免咬边现象。

2）横角焊缝埋弧焊。当采用 T 形接头和搭接接头的焊件太大，不便翻转或因其他原因不能进行船形焊时，可采用焊丝倾斜布置的横角焊来完成，如图 1-46 所示。

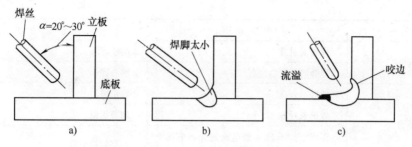

图 1-46 横角焊缝埋弧焊示意图

a) 一般情况 b) 焊丝与立板间距过大 c) 焊丝与立板间距过小

横角焊在生产中应用很广，其优点是对接头装配间隙不敏感，即使间隙达到 2～3mm，也不必采取防止液态金属流失的措施，因而对接头装配质量要求不严格。横角焊时，由于熔池不在水平位置，熔池中的液体金属因自重的关系不利于立板侧的焊缝成形，使焊接时可能达到的焊脚尺寸受到限制，因而单道焊的焊脚尺寸很难超过 8mm，更大的焊脚需采用多道焊焊接。横角焊时焊丝与焊件的相对位置对焊缝成形影响很大，当焊丝位置不当时，易产生咬边或使立板产生未熔合。为保证焊缝的良好成形，焊丝与立板的夹角 α 应保持在 15°～45° 范围内（一般为 20°～30°）。选择焊接参数时应注意电弧电压不宜太高，这样可减少焊剂的熔化量而使熔渣减少，以防止熔渣流溢。使用较细焊丝可减小熔池体积，有利于防止熔池金属的流溢，并能保证电弧燃烧稳定。

3. 埋弧焊的常见缺陷及防止方法

埋弧焊常见缺陷的产生原因及防止方法见表 1-12。

表 1-12 埋弧焊常见缺陷的产生原因及防止方法

缺 陷 名 称		产 生 原 因	防 止 方 法
焊缝表面成形不良	焊缝金属满溢	焊丝向前弯曲焊接	调节焊丝矫直弯曲部分
		环缝焊接位置不当	相对一定的焊件直径和焊接速度，确定适当的焊接位置
		焊接时前部焊剂过少	调整焊剂覆盖状况
		下坡焊时倾角过大	调整下坡焊倾角
		电压过高	调节电压
		焊接速度过慢	调节焊接速度
	中间凸起而两边凹陷	焊剂圈过低并有粘渣，焊接时熔渣被粘渣拖压	提高焊剂圈，使焊剂覆盖高度达30～40mm
	宽度不均匀	焊接速度不均匀	找出原因并排除故障
		焊丝给送速度不均匀	找出原因并排除故障
		焊丝导电不良	更换导电嘴衬套（导电块）
	堆积高度过大	上坡焊时倾角过大	调整上坡焊倾角
		电流太大而电压过低	调节焊接参数
		环缝焊接位置不当（相对于焊件的直径和焊接速度）	相对于一定的焊件直径和焊接速度，确定适当的焊接位置

缺陷名称	产生原因	防止方法
未熔合	焊丝未对准	调整焊丝
	焊缝局部弯曲过甚	精心操作
未焊透	坡口不合适	修正坡口
	焊丝未对准	调节焊丝
	焊接参数不当（如电流过小，电弧电压过高）	调整焊接参数
焊穿	焊接参数及其他工艺因素配合不当	选择适当的焊接参数
裂纹	焊接区冷却速度过快而致热影响区硬化	适当降低焊接速度，焊前预热和焊后缓冷
	焊丝中含碳、硫量较高	选用合格焊丝
	焊件刚度大	焊前预热及焊后缓冷
	焊接顺序不合理	合理安排焊接顺序
	焊缝成形系数太小	调整焊接参数和改进坡口
	多层焊的第一道焊缝截面过小	焊前适当预热或减小电流，降低焊接速度（双面焊适用）
	角焊缝熔深太大	调整焊接参数和改变极性（直流）
	焊件、焊丝、焊剂等材料配合不当	合理选配焊接材料
气孔	焊剂（尤其是焊剂垫）中混有污物	焊剂必须过筛、吹灰、烘干
	电压过高	调整电压
	焊丝表面清理不够	焊丝必须清理，清理后应尽快使用
	焊剂覆盖层厚度不当或焊剂漏斗阻塞	调节焊剂覆盖层高度，疏通焊剂漏斗
	接头未清理干净	接头必须清理干净
	焊剂潮湿	焊剂按规定烘干
内部夹渣	多层分道焊时，焊丝位置不当	每层焊后发现咬边夹渣必须清除修复
	多层焊时，层间清渣不干净	层间清渣应彻底
咬边	焊接参数不当	调整焊接参数
	焊丝位置或角度不正确	调整焊丝

计 划 单

学习领域	焊接方法与设备		
学习情境 1	压力容器的焊接	学时	64 学时
任务 1.5	16mm 厚压力容器筒体环缝埋弧焊	学时	10 学时
计划方式	小组讨论		
序号	实施步骤		使用资源
制订计划说明			
计划评价	评语：		
班级		第　　组	组长签字
教师签字		日期	

决 策 单

学习领域	焊接方法与设备		
学习情境1	压力容器的焊接	学时	64 学时
任务 1.5	16mm 厚压力容器筒体环缝埋弧焊	学时	10 学时
方案讨论		组号	

方案决策	组别	步骤顺序性	步骤合理性	实施可操作性	选用工具合理性	方案综合评价
	1					
	2					
	3					
	4					
	5					
	1					
	2					
	3					
	4					
	5					
	1					
	2					
	3					
	4					
	5					

方案评价	评语:

班级		组长签字		教师签字		月　日

作 业 单

学习领域	焊接方法与设备		
学习情境 1	压力容器的焊接	学时	64 学时
任务 1.5	16mm 厚压力容器筒体环缝埋弧焊	学时	10 学时
作业方式	小组分析，个人解答，现场批阅，集体评判		
1	16mm 厚压力容器筒体环缝埋弧焊焊接方案		

作业评价：

班级		组别		组长签字	
学号		姓名		教师签字	
教师评分		日期			

检 查 单

学习领域	焊接方法与设备		
学习情境1	压力容器的焊接	学时	64学时
任务1.5	16mm厚压力容器筒体环缝埋弧焊	学时	10学时
序号	检查项目	检查标准	学生自查	教师检查
1	任务书阅读与分析能力，正确理解及描述目标要求	准确理解任务要求		
2	与同组同学协商，确定人员分工	较强的团队协作能力		
3	查阅资料能力，市场调研能力	较强的资料检索能力和市场调研能力		
4	资料的阅读、分析和归纳能力	较强的分析报告撰写能力		
5	编制方案的能力	焊接方案的完整程度		
6	安全生产与环保	符合"5S"要求		
7	方案缺陷的分析诊断能力	缺陷处理得当		
8	焊缝的质量	焊缝的质量要求		
检查评语	评语：			
班级		组别		组长签字	
教师签字				日期	

评 价 单

学习领域	焊接方法与设备		
学习情境1	压力容器的焊接	学时	64学时
任务1.5	16mm厚压力容器筒体环缝埋弧焊	学时	10学时

评价类别	评价项目	子项目	个人评价	组内互评	教师评价
专业能力（75%）	资讯（10%）	搜集信息（5%）			
		引导问题回答（5%）			
	计划（5%）	计划可执行度（5%）			
	实施（10%）	工作步骤执行（3%）			
		质量管理（3%）			
		安全保护（2%）			
		环境保护（2%）			
	检查（10%）	全面性、准确性（5%）			
		异常情况排除（5%）			
	任务结果（40%）	结果质量（40%）			
方法能力（15%）	决策、计划能力（15%）				
社会能力（10%）	团结协作（5%）				
	敬业精神（5%）				
评价评语	评语：				

班级		组别		学号		总评	
教师签字			组长签字		日期		

汽车的焊接

【工作目标】

通过本情境的学习，使学生具有以下的能力和水平：

1）根据汽车不同典型焊缝的质量要求，依据标准，编制焊接方案的能力。

2）按照焊接方案实施焊接的能力。

3）利用现代化手段对信息进行收集并整理的能力。

4）良好的表达能力和较强的沟通与团队合作能力。

【工作任务】

1）分析汽车部件不同焊缝的使用要求。

2）根据汽车部件不同焊缝的使用要求选择合适的板材、焊接方法和工艺。

3）编制不同焊缝的焊接方案。

4）完成汽车部件不同焊缝的焊接工作。

【情境导入】

焊接是汽车制造过程中一项重要的环节，汽车制造业是焊接应用最广的行业之一。汽车的车身、发动机和变速器等都离不开焊接技术的应用，汽车焊接工作场景如图 2-1 所示。在汽车车身的焊接加工中，汽车焊接又有不同于其他产品焊接的要求：良好的性价比，精确的焊接参数控制，良好的工艺操作。

近几年来，汽车工业在焊接新技术的应用及推广方面发挥了积极的推动作用。针对汽车产品"更轻、更安全、性能更好且成本更低"的发展目标，当前的汽车焊接技术正在传统的材料连接概念与方法的基础上迅速地延伸和拓展，并向先进的"精量化焊接制造"的方向发展。

汽车制造业是焊接应用最广的行业之一，所用的焊接方法种类繁多，其应用情况如下：

1. 电阻焊

1）点焊主要用于车身总成、地板、车门、侧围、后围、前桥和小零部件等。

图 2-1　汽车焊接工作场景

2）多点焊用于车身底板、载货车车厢、车门、发动机盖和行李箱盖等。

3）凸焊及滚凸焊用于车身零部件、减振器阀杆、制动蹄、螺钉、螺母和小支架等。

4）缝焊用于车身顶盖雨檐、减振器封头、油箱、消声器和油底壳等。

5）对焊用于钢圈、排进气阀杆等。

2. 电弧焊

1）CO_2 气体保护焊用于车厢、后桥、车架、减振器阀杆、横梁、后桥壳管、传动轴、液压缸和千斤顶等的焊接。

2）钨极氩弧焊用于油底壳、铝合金零部件的焊接和补焊。

3）焊条电弧焊用于厚板零部件，如支架、备胎架、车架等。

4）埋弧焊用于半桥套管、法兰、天然气汽车的压力容器等。

5）等离子弧焊用于汽车排气管等。

3. 特种焊

1）摩擦焊用于汽车阀杆、后桥、半轴、转向杆和随车工具等。

2）电子束焊用于齿轮、后桥等。

3）激光焊割用于车身底板、齿轮、零件下料及修边等。

4. 氧乙炔焊

用于车身总成的补焊。

5. 钎焊

用于散热器，铜和钢件、硬质合金的焊接。

任务2.1 1.5mm厚汽车排气管等离子弧焊

任 务 单

学习领域	焊接方法与设备		
学习情境2	汽车的焊接	学时	36学时
任务2.1	1.5mm厚汽车排气管等离子弧焊	学时	12学时
布置任务			
工作目标	收集整理汽车各部件的典型焊接工艺,分析汽车排气管的质量要求、使用要求及技术要求,编制焊接工艺方案,完成焊接工作。		
任务描述	收集整理汽车各部件的典型焊接工艺,总结汽车排气管的焊接工艺特点和主要焊接过程;分析汽车排气管的质量要求、使用要求、技术要求及结构特点,确定实施的焊接方法,选择合理的焊接材料、焊接设备及工具,选择合理的接头形式,确定合理的焊接参数;根据分析结果编写焊接方案;依据方案完成焊接工作。		
任务分析	各小组对任务进行分析、讨论: 1)收集整理汽车各部件的典型焊接工艺。 2)分析汽车排气管的质量要求、使用要求、技术要求及结构特点。 3)确定实施的焊接方法,选择合理的焊接材料、焊接设备及工具,选择合理的接头形式,确定合理的焊接参数。 4)编制1.5mm厚汽车排气管等离子弧焊接方案并焊接。		
学时安排	资讯 1学时 计划 2学时 决策 1学时 实施 6学时 检查 1学时 评价 1学时		
提供资料	1)国际焊接工程师培训教程,2013。 2)焊接方法与设备,雷世明,机械工业出版社。 3)电焊工工艺与操作技术,周岐,机械工业出版社。 4)焊接方法与设备,陈淑惠,高等教育出版社。		
对学生的要求	1)能对任务书进行分析,能正确理解和描述目标要求。 2)具有独立思考、善于提问的学习习惯。 3)具有查询资料和市场调研能力,具备严谨求实和开拓创新的学习态度。 4)能执行企业"5S"质量管理体系要求,具有良好的职业意识和社会能力。 5)具备一定的观察理解和判断分析能力。 6)具有团队协作、爱岗敬业的精神。 7)具有一定的创新思维和勇于创新的精神。		

学习领域	焊接方法与设备		
学习情境2	汽车的焊接	学时	36 学时
任务 2.1	1.5mm 厚汽车排气管等离子弧焊	学时	12 学时
资讯方式	实物、参考资料		
资讯问题	1）等离子弧是如何形成的？ 2）从本质上讲形成等离子弧的主要原因是什么？ 3）与自由电弧相比等离子弧有哪些特点？ 4）等离子弧分哪几种？各适用于什么场合？ 5）什么是双弧现象？双弧现象有什么危害？应如何防止？ 6）与钨极氩弧焊相比，等离子弧焊接具有哪些工艺特点？ 7）与气割相比，等离子弧切割具有哪些特点？ 8）等离子弧切割时应如何选择工艺参数？ 9）简述汽车排气管的使用要求及质量要求。		
资讯引导	问题 1 可参考信息单 2.1.1。 问题 2 可参考信息单 2.1.1。 问题 3 可参考信息单 2.1.2。 问题 4 可参考信息单 2.1.3。 问题 5 可参考信息单 2.1.4。 问题 6 可参考信息单 2.1.5。 问题 7 可参考信息单 2.1.6。 问题 8 可参考信息单 2.1.6。 问题 9 可参考汽车工艺文件。		

2.1.1 等离子弧的形成

等离子弧是电弧的一种特殊形式，是自由电弧被压缩后形成的。从本质上讲，它仍然是一种气体放电的导电现象。等离子弧是利用等离子枪将阴极和阳极之间的自由电弧压缩成高温、高电离、高能量密度及高焰流速度的电弧。

1. 等离子弧

现代物理学认为等离子体是除固体、液体、气体之外物质的第四种存在形态。它是充分电离了的气体，由带负电的电子、带正电的正离子及部分未电离的、中性的原子和分子组成。产生等离子体的方法很多。目前，焊接领域中应用的等离子弧实际上是一种压缩电弧，是由钨极气体保护电弧发展而来的。钨极气体保护电弧常被称为自由电弧，它燃烧于惰性气体保护下的钨极与焊件之间，其周围没有约束，当电弧电流增大时，弧柱直径也伴随增大，二者不能独立地进行调节，因此自由电弧弧柱的电流密度、温度和能量密度的增大均受到一定限制。借助水冷铜喷嘴的外部拘束作用，使弧柱的横截面受到限制而不能自由扩大时，就可使电弧的温度、能量密度和等离子体流速都显著增大。这种用外部拘束作用使弧柱受到压缩的电弧就是通常所称的等离子弧。

2. 等离子弧的形成原理

目前广泛采用的压缩电弧的方法是将钨极缩入喷嘴内部，并且在水冷喷嘴中通以一定压力和流量的等离子气，强迫电弧通过喷嘴孔道，以形成高温、高能量密度的等离子弧，如图 2-2 所示。此时电弧受到下述三种压缩作用：

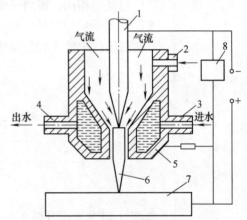

图 2-2　等离子弧产生装置原理示意图
1—钨极　2—进气管　3—进水管　4—出水管
5—喷嘴　6—等离子弧　7—焊件　8—高频振荡器

（1）热收缩效应　水冷铜喷嘴的导热性很好，紧贴喷嘴孔道壁的"边界层"气体温度很低，电离度和导电性均降低。这就迫使带电粒子向温度更高、导电性更好的弧柱中心区集中，相当于外围的冷气流层迫使弧柱进一步收缩。

（2）机械压缩效应　当把一个用水冷却的铜制喷嘴放置在电弧通道上，强迫这个"自由电弧"从细小的喷嘴孔中通过时，弧柱直径受到小孔直径的机械约束而不能自由扩大，而使电弧截面受到压缩。

（3）电磁收缩效应　带电粒子在弧柱内的运动，可看成是电流在一束平行的"导线"内移动，由于这些"导线"自身磁场所产生的电磁力，使这些"导线"相互吸引，从而产生电磁收缩效应。由于前述两种效应使电弧中心的电流密度已经很高，使得电磁收缩作用明显增强，从而这种导体自身磁场引起的收缩作用使弧柱进一步变细，电流密度与能量密度进一步增加。

电弧在三种压缩效应的作用下，直径变小、温度升高、气体的离子化程度提高、能量密度增大，最后与电弧的热扩散作用相平衡，形成稳定的压缩电弧，这就是工业中应用的等离子弧。作为热源，等离子弧获得了广泛的应用，可进行等离子弧焊、等离子弧切割、等离子弧堆焊、等离子弧喷涂、等离子弧冶金等。

在上述三种压缩作用中，喷嘴孔径的机械压缩作用是前提；热收缩效应则是电弧被压缩的最主要的原因；电磁收缩效应是必然存在的，它对电弧的压缩也起到一定作用。

3. 等离子弧的影响因素

等离子弧是压缩电弧，其压缩程度直接影响等离子弧的温度、能量密度、弧柱挺度和电弧压力。影响等离子弧压缩程度的因素主要有：

（1）等离子气的种类及流量　等离子气的作用主要是压缩电弧强迫通过喷嘴孔道，保护钨极不被氧化等。使用不同成分的气体作为等离子气时，由于气体的热导率和焓值不同，对电弧的冷却作用不同，故电弧被压缩的程度不同。通过对等离子气成分和流量的调节，可进一步提高、控制等离子弧的温度、能量密度及其稳定性。

（2）等离子弧电流　当电流增大时，弧柱直径也要增大。因电流增大时，电弧温度升高，气体电离程度增大，因而弧柱直径增大。如果喷嘴孔径不变，则弧柱被压缩程度增大。

（3）喷嘴孔道形状和尺寸　喷嘴孔道形状和尺寸对电弧被压缩的程度具有较大的影响，特别是喷嘴孔径对电弧被压缩程度的影响更为显著。随喷嘴孔径的减小，电弧被压缩程度增大。

改变和调节以上因素可以改变等离子弧的特性，使其压缩程度满足等离子弧切割、等离子弧焊、等离子弧堆焊或喷涂等方法的不同要求。

2.1.2　等离子弧的特点

1. 温度高、能量高度集中

等离子弧的导电性高，承受的电流密度大，因此温度极高，达 $24000 \sim 50000K$，能量密度可达 $10^5 \sim 10^8 W/cm^2$，并且截面很小，能量密度高度集中。

2. 等离子弧的能量分布均衡

等离子弧由于弧柱被压缩，横截面减小，弧柱电场强度明显提高，因此等离子弧的最大压降是在弧柱区，加热金属时利用的主要是弧柱区的热功率，即利用弧柱等离子体的热能。所以说，等离子弧几乎在整个弧长上都具有高温。

3. 电弧挺度好、燃烧稳定

自由电弧的扩散角度约为 $45°$，而等离子弧由于电离程度高，放电过程稳定，在压缩作用下，其扩散角仅为 $5°$。故电弧挺度好，燃烧稳定。

4. 具有很强的机械冲刷力

等离子弧发生装置内通入常温压缩气体，由于受到电弧高温加热而膨胀，使气体压力大大增加，高压气流通过喷嘴孔道喷出时，可达到很高的速度甚至可超过声速，所以等离子弧有很强的机械冲刷力。

5. 等离子弧的静特性曲线仍接近于 U 形

由于弧柱的横截面受到限制，等离子弧的电场强度增大，电弧电压明显提高，U 形曲线上移且其平直区域明显减小。使用小电流时，等离子弧仍具有缓降或平的静特性，但 U 形曲线的下降区斜率明显减小，所以在小电流时等离子弧静特性与电源外特性仍有稳定工作点。

2.1.3 等离子弧的种类

等离子弧按接线方式和工作方式不同，可分为非转移型、转移型和混合型三种类型，如图 2-3 所示。

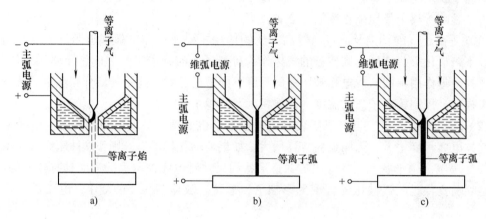

图 2-3 等离子弧的种类
a) 非转移型 b) 转移型 c) 混合型

1. 非转移型等离子弧（非转移弧）

钨极接电源的负极，喷嘴接电源的正极，焊件不接电源，电弧在钨极与喷嘴孔壁之间燃烧，在离子气流的作用下电弧从喷嘴孔喷出，电弧受到压缩而形成等离子弧，即为非转移弧，一般将这种等离子弧称为等离子焰，如图 2-3a 所示。由于焊件不接电源，工作时只靠等离子焰来加热，故其温度比转移型等离子弧低，能量密度也没有转移型等离子弧高。喷嘴受热较多，大量热能通过喷嘴散失。所以喷嘴应更好地冷却，否则其寿命不长。非转移弧主要在等离子弧喷涂、焊接和切割较薄的金属及非金属时采用。

2. 转移型等离子弧（转移弧）

钨极接电源的负极，焊件接电源的正极，等离子弧燃烧于钨极与焊件之间即为转移弧，如图 2-3b 所示。这种等离子弧不能直接产生，必须先在钨极和喷嘴之间接通维弧电源，以引燃小电流的非转移弧（引导弧），然后将非转移弧通过喷嘴过渡到焊件表面，再引燃钨极与焊件之间的转移弧（主弧），并自动切断维弧电源。采用转移弧工作时，等离子弧温度高、能量密度大，焊件上获得的热量多，热能的有效利用率高。常用于等离子弧切割、等离子弧焊和等离子弧堆焊等工艺方法中。

3. 混合型等离子弧

在工作过程中非转移弧和转移弧同时存在，则称为混合型（或联合型）等离子弧，如图 2-3c 所示。两者可以用两台单独的焊接电源供电，也可以用一台焊接电源中间串接一定电阻后向两个电弧供电。其中的转移弧主要用来加热焊件和填充金属，非转移弧来协助转移弧的稳定燃烧（小电流时）和对填充金属进行预热（堆焊时）。混合型等离子弧稳定性好，电流很小时也能保持电弧稳定，主要用在微束等离子弧焊和粉末等离子弧堆焊等工艺方法中。

2.1.4 等离子弧的双弧

在使用转移弧进行焊接或切割过程中，正常的等离子弧应稳定地在钨极和工件之间燃烧，但由于某些原因往往还会在钨极和喷嘴及喷嘴和工件之间产生与主弧并列的电弧，如图2-4中所示，这种现象就称为双弧现象。

1. 双弧的危害性

在等离子弧焊接或切割过程中，双弧带来的危害主要表现在下列几方面。

1) 产生双弧时，在钨极和工件之间同时形成两条并列的导电通路，减小了主弧电流，降低了主弧的电功率。因而使焊接时的熔透能力和切割时的切割厚度减小。

2) 双弧一旦产生，喷嘴就成为并列弧的电极，就有并列弧的电流通过。此时等离子弧和喷嘴内孔壁之间的冷气膜遭到破坏，因而使喷嘴受到强烈加热，故容易烧坏喷嘴，使焊接或切割工作无法进行。

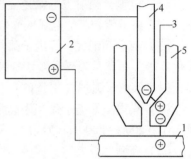

图2-4 双弧现象

1—工件 2—电源 3—等离子气
4—电极 5—喷嘴

3) 破坏等离子弧的稳定性，使焊接或切割过程不能稳定地进行，恶化焊缝成形和切口质量。

2. 双弧形成的原因

在等离子弧焊接或切割时，等离子弧弧柱与喷嘴孔壁之间存在着由等离子气所形成的冷气膜。这层冷气膜由于喷嘴的冷却作用，具有比较低的温度和电离度，对弧柱向喷嘴的传热和导电都具有较强的阻滞作用。因此，冷气膜的存在一方面起到绝热作用，可防止喷嘴因过热而烧坏。另一方面，冷气膜的存在相当于在弧柱和喷嘴孔壁之间有一绝缘套筒存在，它隔断了喷嘴与弧柱间电的联系，因此等离子弧能稳定燃烧，不会产生双弧。焊接或切割时，当冷气膜被击穿遭到破坏时，绝热和绝缘作用消失，就会产生双弧现象。

3. 防止双弧产生的措施

(1) 正确选择焊接电流和等离子气种类及流量 焊接电流增大，等离子弧的弧柱直径也增大，使冷气膜的厚度减小，容易被击穿，故易产生双弧。等离子气种类不同，产生双弧的可能性也不一样，如采用 $Ar + H_2$ 混合气体时，由于 H_2 的冷却作用强，弧柱热收缩作用增大，弧柱直径缩小，冷气膜厚度增大，故不易被击穿而形成双弧。同样，增大等离子气流量，冷却作用增强，也可减少产生双弧的可能性。

(2) 电极与喷嘴尽可能同心 电极与喷嘴同心度不好，往往是引起双弧的主要原因。因为电极偏心时，等离子弧在喷嘴中的分布也偏心，从而使冷气膜厚度不均匀。这时，冷气膜厚度小处就容易被击穿而产生双弧。

(3) 正确确定喷嘴离工件的距离 喷嘴离工件的距离过小易引起双弧，一般距离在5 ~ 12mm 之间为宜。

(4) 正确选择喷嘴 喷嘴的结构参数对双弧形成有着决定性作用，喷嘴孔径减小，喷嘴孔道长度增大或钨极内缩量增大都易产生双弧。

同时，加强对喷嘴和电极的冷却，保持喷嘴端面清洁，采用切向进气的焊枪等也可防止双弧形成。

4. 不安全因素

（1）离子电击　等离子弧焊（割）所用电源的空载电压高（一般都在150V以上），特别是在手工操作时，有电击的危险。因此，电源必须要有可靠的接地，焊枪枪体或割炬主体与手接触部分必须可靠绝缘。

（2）电弧光辐射　电弧光辐射强度大，主要由紫外线辐射、可见光辐射与红外线辐射组成。等离子弧较其他电弧的光辐射强度更大，尤其是紫外线强度。

（3）灰尘和烟气　等离子弧焊接和切割过程中伴随有大量汽化的金属蒸气、臭氧、氮氧化物等，尤其是等离子弧切割时，由于气体流量大，工作场地尘土飞扬。有毒气体和紫外线辐射是等离子弧焊（割）的主要危害因素。

（4）噪声　等离子弧产生高强度高频率的噪声，尤其是在等离子弧切割时，其噪声能量集中在2000～8000Hz范围内，对操作者的听觉系统和神经系统非常有害。

（5）高频　等离子弧焊接和切割都采用高频振荡器引弧，对人体有一定的危害。

2.1.5　等离子弧焊

等离子弧焊是借助水冷喷嘴对电弧的拘束作用，获得较高能量密度的等离子弧进行焊接的一种方法，国际统称为PAW（Plasma Arc Welding）。它是利用特殊构造的等离子焊枪所产生的高温等离子弧，并在保护气体的保护下，熔化金属实现焊接的。它几乎可以焊接电弧焊所能焊接的所有材料和多种难熔金属及特种金属材料，并具有很多优越性。在极薄金属焊接方面，它解决了氩弧焊所不能进行的材料和焊件的焊接问题。

1. 等离子弧焊的分类

按焊缝成形原理，等离子弧焊有下列三种基本类型：穿透型等离子弧焊、熔透型等离子弧焊、微束等离子弧焊。

（1）穿透型等离子弧焊　穿透型等离子弧焊接法又称小孔型等离子弧焊。该方法是利用等离子弧直径小、温度高、能量密度大、穿透力强的特点，在适当的工艺参数条件下实现的，焊缝断面呈酒杯状，如图2-5所示。焊接时，采用转移弧把焊件完全熔透并在等离子流力作用下形成一个穿透焊件的小孔，并从焊件的背面喷出部分等离子弧（称其为"尾焰"）。熔化金属被排挤在小孔周围，依靠表面张力的承托而不会流失。随着焊枪向前移动，小孔也跟着焊枪移动，熔池中的液态金属在电弧吹力、表面张力作用下沿熔池壁向熔池尾部流动，并逐渐收口、凝固，形成完全熔透的正反面都有波纹的焊缝，这就是所谓的小孔效应。利用这种小孔效应，不用衬垫就可实现单面焊双面成形。焊接时一般不加填充金属，但如果对焊缝余高有要求的话，也可加入填充金属。目前大电流（100～500A）等离子弧焊通常采用这种方法进行焊接。

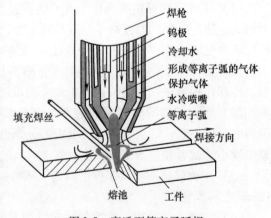

图2-5　穿透型等离子弧焊

采用穿透型焊接法时，要保证焊件完全熔透且正反面都能成形，关键是能形成穿透性的小孔，并精确控制小孔尺寸，以保持熔池金属平衡的要求。另外，小孔效应只有在足够的能量密度条件下才能形成。板厚增加时所需的能量密度也增加，而等离子弧的能量密度难以再进一步提高。因此，穿透型焊接法只能在一定的板厚条件下才能实现。焊件太薄时，由于小孔不能被液体金属完全封闭，故不能实现小孔焊接法。如果焊件太厚，一方面受到等离子弧能量密度的限制，形成小孔困难；另一方面，即使能形成小孔，也会因熔化金属多，液体金属的重量大于表面张力的承托能力而流失，不能保持熔池金属平衡，严重时将会形成小孔空腔而造成切割现象。由此可以看出，对于液体时表面张力较大的金属，穿透型焊接的厚度就可以大一些。

（2）熔透型等离子弧焊　熔透型等离子弧焊又称熔入型焊接法，它是采用较小的焊接电流（30～100A）和较低的等离子气流量，采用混合型等离子弧焊接的方法。在焊接过程中不形成小孔效应，焊件背面无"尾焰"。液态金属熔池在弧柱的下面，靠熔池金属的热传导作用熔透母材，实现焊透。焊缝断面形状呈碗状。熔透型等离子弧焊的基本焊法与钨极氩弧焊相似。焊接时可加填充金属，也可不加填充金属。

（3）微束等离子弧焊　焊接电流在30A以下的等离子弧焊通常称为微束等离子弧焊。有时也把焊接电流稍大的等离子弧焊归为此类。这种方法使用很小的喷嘴孔径（0.5～1.5mm），得到针状细小的等离子弧，主要用于焊接厚度在1mm以下的超薄、超小、精密的焊件。微束等离子弧焊通常采用混合型等离子弧，采用两个独立焊接电源。其一向钨极与喷嘴之间的非转移弧供电，这个电弧称为维弧，其供电电源为维弧电源。维弧电流一般为2～5A，维弧电源的空载电压一般大于90V，以便引弧。另一个电源向钨极与焊件间的转移弧（主弧）供电，以进行焊接。焊接过程中两个电弧同时工作。维弧的作用是在小电流下帮助和维持转移弧工作。在焊接电流小于10A时维弧的作用尤为明显。当维弧电流大于2A时，转移弧在小至0.1A的焊接电流下仍可稳定燃烧，因此小电流时微束等离子弧十分稳定。

2. 等离子弧焊设备

按操作方式不同，等离子弧焊设备可分为手工焊设备和自动焊设备两大类。手工等离子弧焊设备主要由焊接电源、焊枪、控制系统、水路系统和气路系统等部分组成；自动等离子弧焊设备除上述部分外，还有焊接小车和送丝机构。按焊接电流的大小，等离子弧焊设备可分为大电流等离子弧焊设备和微束等离子弧焊设备。

（1）焊接电源　一般采用具有陡降或垂直下降外特性的直流弧焊电源。电源空载电压根据所用等离子气而定，采用氩气作为等离子气时，空载电压应为60～85V；当采用氩气和氢气或氩气与其他双原子气体的混合气体作为等离子气时，电源空载电压应为110～120V。需要特别指出的是：微束等离子弧焊机最好采用垂直下降外特性的电源，以提高等离子弧的稳定性。

（2）焊枪　等离子弧焊枪是等离子弧焊设备中的关键组成部分（又称为等离子弧发生器），主要由上枪体、下枪体、压缩喷嘴、中间绝缘体及冷却套等组成，如图2-6所示。其中最关键的部件为喷嘴，典型等离子弧焊枪的喷嘴结构如图2-7所示。喷嘴孔径 d_n 决定等离子弧的直径和能量密度，须根据焊接电流及等离子气的种类和数值设计。喷嘴孔径 d_n 确定后，喷嘴孔道长度 l_0 越长，对等离子弧的压缩效果越好。通常以 l_0/d_n 来表征喷嘴孔道对等离子弧的压缩特征，称为孔道比。大部分等离子弧焊枪采用圆柱形压缩孔道，而收敛扩散型压缩孔道有利于电弧的稳定。

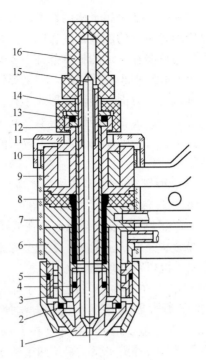

图 2-6　等离子弧焊枪

1—喷嘴　2、4、5、13—密封胶圈　3—保护罩　6—下枪体　7—绝缘外壳　8—绝缘柱　9—上枪体

10—钨极卡　11—外壳帽　12—钨极卡套　14—锁紧螺母　15—钨极　16—钨极帽

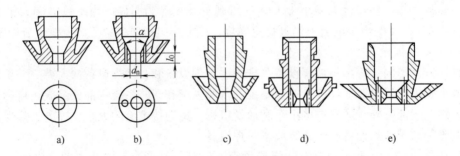

图 2-7　等离子弧焊枪的喷嘴结构

a) 圆柱单孔型　b) 圆柱三孔型　c) 收敛扩散单孔型　d) 收敛扩散三孔型　e) 有压缩段的收敛扩散三孔型

d_n—喷嘴孔道直径　l_0—喷嘴孔道长度　α—压缩角

（3）控制系统　等离子弧焊设备的控制系统一般包括高频引弧电路、拖动控制电路、延时电路和程序控制电路等部分。控制系统一般应具备如下功能：

1）提前送气，滞后停气。

2）可靠的引弧及转弧。

3）实现起弧电流递增，熄弧电流递减。

4）可预调气体流量并实现离子气流的衰减。

5）焊前能进行对中调试。

6）无冷却水时不能开机。

7）调节焊接小车行走速度及填充焊丝的送进速度。

8）发生故障及时停机。

（4）水路系统　由于等离子弧的温度在10000℃以上，为了防止烧坏喷嘴并增加对电弧的压缩作用，必须对电极及喷嘴进行有效的水冷却。冷却水的流量不小于3L/min，水压不小于0.15～0.2MPa。水路中应设有水压开关，在水压达不到要求时，切断供电回路。

（5）气路系统　与钨极氩弧焊或CO_2气体保护焊相比，等离子弧焊机的气路系统比较复杂。为避免保护气对等离子气的干扰，保护气和等离子气最好由独立气路分开供给。

3. 等离子弧焊工艺

（1）接头形式　用于等离子弧焊的通用接头形式为I形对接接头、开单面V形和双面V形坡口的对接接头以及开单面U形和双面U形坡口的对接接头。除此之外，也可采用角接接头和T形接头。

1）厚度大于1.6mm，但小于8mm（不锈钢、低碳钢）、12mm（钛及钛合金）和6mm（镍及镍合金）的焊件，可不开坡口，采用穿透型焊接法一次焊透。

2）对于厚度较大的焊件，需要开坡口进行多层焊。为使第一层焊缝仍可采用穿透型焊接法，坡口钝边可留至5mm，坡口角度也可减小。以后各层焊缝可采用熔透型焊接法焊接。

3）焊件厚度如果在0.025～1.6mm之间，通常使用微束等离子弧焊接。焊接时要采用可靠的焊接夹具，以保证焊件的装配质量，装配间隙和错边量越小越好。

（2）焊接参数的选择　在采用穿透型等离子弧焊时，焊接过程中确保小孔的稳定是获得优质焊缝的前提。影响小孔稳定性的主要焊接参数有：

1）喷嘴孔径。喷嘴孔径直接决定对等离子弧的压缩程度，是选择其他参数的前提。在焊接生产过程中，当焊件厚度增大时，焊接电流也应增大，但一定孔径的喷嘴的许用电流是有限制的，因此，一般应按焊件厚度和所需电流值确定喷嘴孔径。

2）焊接电流。当其他条件不变时，焊接电流增加，等离子弧的热功率也增加，熔透能力增强。因此，应根据焊件的材质和厚度首先确定焊接电流。在采用穿透型焊接法时，如果电流太小，则形成小孔的直径也小，甚至不能形成小孔，无法实现穿透型焊接；如果电流过大，则形成的小孔直径也过大，熔化金属过多，易造成熔池金属坠落，也无法实现穿透型焊接。同时，电流过大还容易引起双弧现象。因此，当喷嘴孔径及其他焊接参数一定时，焊接电流应控制在一定范围内。

3）焊接速度。当其他条件不变时，提高焊接速度，则输入到焊缝的热量减少，在穿透型焊接时，小孔直径将减小；如果焊接速度太高，则不能形成小孔，故不能实现穿透型焊接。焊接速度的大小取决于焊接电流和等离子气流量。

在穿透型焊接过程中，三个参数应相互匹配。匹配的一般规律是：当焊接电流一定时，若增加等离子气流量，则应相应增加焊接速度；当等离子气流量一定时，若增加焊接速度，则应相应增加焊接电流；当焊接速度一定时，若增加等离子气流量，则相应减小焊接电流。

4）等离子气种类及流量。目前应用最广的等离子气是氩气，适用于所有金属。为提高焊接生产率和改善接头质量，针对不同金属可在氩气中加入其他气体。

当其他条件不变时，等离子气流量增加，等离子弧的冲力和穿透能力都增大。因此，要实现稳定的穿透型焊接过程，必须要有足够的等离子气流量；但等离子气流量太大时，会使等离子弧的冲力过大而将熔池金属冲掉，同样无法实现穿透型焊接。

5）保护气成分及流量。等离子弧焊时，除向焊枪输入等离子气外，还要输入保护气，以充分保护熔池不受大气污染。大电流等离子弧焊时，保护气与等离子气成分应相同，否则会影响等离子弧的稳定性。小电流等离子弧焊时，等离子气与保护气成分可以相同，也可以不同，因为此时气体成分对等离子弧的稳定性影响不大。保护气一般采用氩气，焊接铜、不锈钢、低合金钢时，为防止焊缝缺陷，通常在氩气中加一定量的氦气、氢气或二氧化碳等气体。保护气流量应与等离子气流量有一个适当的比例。如果保护气流量过大，会造成气流紊乱，影响等离子弧稳定性和保护效果。

6）喷嘴高度。喷嘴端面至焊件表面的距离称为喷嘴高度。生产实践证明喷嘴高度保持在 3 ~ 8mm 较为合适。如果喷嘴高度过大，会增加等离子弧的热损失，使熔透能力减小，保护效果变差；但若喷嘴高度太小，则不便操作，喷嘴也易被飞溅物堵塞，还容易产生双弧现象。

熔透型等离子弧焊的焊接参数和穿透型等离子弧焊基本相同。焊件熔化和焊缝成形过程则和钨极氩弧焊相似。中、小电流（0.2 ~ 100A）熔透型等离子弧焊通常采用混合型弧。由于非转移弧的存在，使得主弧在很小电流下（1A 以下）也能稳定燃烧。但维弧电流过大容易损坏喷嘴，一般选用 2 ~ 5A。

穿透型、熔透型等离子弧焊也可以采用脉冲电流（脉冲频率在 15Hz 以下）焊接，借以控制全位置焊接时的焊缝成形，减小热影响区宽度和焊接变形。

2.1.6 等离子弧切割

1. 等离子弧切割的原理及特点

（1）等离子弧切割原理　等离子弧切割是利用等离子弧的热能实现切割的方法。国际统称为 PAC（Plasma Arc Cutting）。等离子弧切割的原理与氧气的切割原理有着本质的不同。氧气切割主要是靠氧气与部分金属的化合燃烧和氧气流的吹力，使燃烧的金属氧化物熔渣脱离基体而形成切口的。因此氧气切割不能切割熔点高、导热性好、氧化物熔点高和黏度大的材料。等离子弧切割过程不是依靠氧化反应，而是靠熔化来切割工件的。等离子弧的温度很高（最高可达 50000K），目前所有金属材料及非金属材料都能被等离子弧熔化，因而它的适用范围比氧气切割要大得多。等离子弧切割原理如图 2-8 所示。

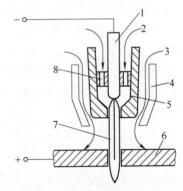

图 2-8　等离子弧切割原理图

1—电极　2—工作气体　3—辅助气体　4—保护罩
5—冷却喷嘴　6—工件　7—等离子弧　8—对中环

（2）等离子弧切割的特点　等离子弧是一种比较理想的切割热源，等离子弧切割具有以下特点：

1）应用范围广。等离子弧可以切割各种高熔点金属及其他切割方法不能切割的金属，如不锈钢、耐热钢、钛、钼、钨、铸铁、铜、铝及其合金等，切割不锈钢、铝等厚度可达 200mm 以上。

采用转移弧，适用于金属材料切割；采用非转移弧，既可用于非金属材料切割，如耐火砖、混凝土、花岗石、碳化硅等，也可用于金属材料切割。但由于工件不接电源，电弧挺度较差，故能切割的金属材料厚度较小。

2）切割速度快、生产率高。在目前采用的各种切割方法中，等离子弧切割的速度比较快，生产率也比较高。

3）切割质量高。等离子弧切割时，能得到比较狭窄、光洁、整齐、无粘渣、接近于垂直的切口，而且切口的变形和热影响区较小，其硬度变化也不大，切割质量好。

2. 等离子弧切割设备

（1）电源 等离子弧切割均采用具有陡降外特性的直流电源，并采用直流正接。要求具有较高的空载电压，一般空载电压在150～400V之间。电源类型有两种：一种是专用弧焊整流器电源；另一种可用两台以上普通弧焊发电机或弧焊整流器串联。

（2）割炬 割炬（也称割枪）是产生等离子弧的装置，也是直接进行切割的工具。等离子弧割炬如图2-9所示。其中喷嘴是割炬的核心部分，其结构形式和几何尺寸对等离子弧的压缩和稳定有重要影响。其关键是电极与喷嘴须有严格的同心度，喷嘴孔径也比等离子弧焊枪的大。喷嘴尺寸与选用的进气方式有关，在相同功率下，旋转进气式不易烧损喷嘴，轴向进气式易烧损喷嘴，但切割板材的厚度要大些。

（3）控制系统 等离子弧切割时，控制系统应满足下列要求：

1）能提前送气和滞后停气，以免电极氧化。

2）无冷却水时切割机应不能起动；若切割过程中断水，切割机应能自动停止工作。

3）采用高频引弧，在等离子弧引燃后高频振荡器应能自动断开。

4）等离子气流量有递增过程。

5）在切割结束或切割过程断弧时，控制线路应能自动断开。

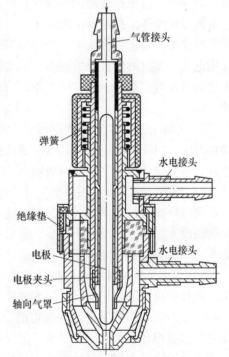

图2-9 割炬的主体结构

气管接头

弹簧

水电接头

绝缘垫

电极

电极夹头

轴向气罩

水电接头

（4）水路系统 由于等离子弧切割的割炬在10000℃以上的高温下工作，为保持正常切割必须通水冷却，冷却水流量应大于2～3L/min，水压为0.15～0.2MPa。水管设置不宜太长，一般自来水即可满足要求，也可采用循环水。

（5）气路系统 气路系统中的气体的作用是防止钨极氧化、压缩电弧和保护喷嘴不被烧毁，气路系统由气瓶、减压器、流量计及电磁气阀组成，一般气体压力应为0.25～0.35MPa。

3. 等离子弧切割工艺

（1）切割工艺参数的选择 各种参数对切割过程的稳定性和切割质量均有不同程度的影响，切割时必须依据切割材料种类、工件厚度和具体要求来选择。

1）喷嘴。喷嘴孔径的大小应根据工件厚度和选用的等离子气种类确定。切割厚度较大时，要求喷嘴孔径也要相应增大；使用 Ar + H$_2$ 混合气体时，喷嘴孔径可适当小一些，使用 N$_2$ 时，喷嘴孔径应大一些。

每一种直径的喷嘴都有一个允许使用的电流极限值，若超过这个极限值，则容易产生双弧现象。因此，当工件厚度增大时，在提高切割电流的同时喷嘴直径也要相应增大（孔道长度也应增大）。切割喷嘴的孔道比一般为 1.5 ~ 1.8。

2）空载电压。等离子弧切割要求电源有较高的空载电压（一般不低于150V），因空载电压低将使切割电压的提高受到限制，不利于厚件的切割。切割厚度大的工件时，空载电压必须在 220V 以上，最高可达 400V。由于等离子弧切割时空载电压较高，操作时必须注意安全。

3）切割电流和切割电压。切割电流和切割电压是决定切割电弧功率的两个重要参数。选择切割电流应根据选用的喷嘴孔径的大小而定，其相互关系大致为 $I = (30 ~ 100) d$。（其中电流单位为 A，孔径单位为 mm。）

电流增大会使弧柱变粗，切口加宽，且易烧损喷嘴；对于一定的喷嘴孔径存在一个最大许用电流，超过时就会烧损喷嘴。因此切割大厚度工件时，以提高切割电压最为有效，但电压过高或接近空载电压时，电弧难以稳定，为保证电弧稳定，要求切割电压不大于空载电压的 2/3。

4）切割速度。切割速度应根据等离子弧功率、工件厚度和材质确定。在切割功率相同的情况下，由于铝的熔点低，切割速度应快些；钢的熔点较高，切割速度应较慢；铜的导热性好，散热快，故切割速度应更慢些。

5）喷嘴高度。喷嘴端面至工件表面的距离为喷嘴高度。随喷嘴高度的增大，等离子弧的切割电压提高，功率增大；但同时使弧柱长度增大，热量损失增大，导致切割质量下降。喷嘴高度太小时，既不便于观察，又容易造成喷嘴与工件短路。一般手工切割时取喷嘴高度为 8 ~ 10mm，自动切割时取 6 ~ 8mm。

6）等离子气的种类和流量。等离子弧切割时，气体的作用是压缩电弧，防止钨极氧化，吹掉切口中的熔化金属，保护喷嘴不被烧坏。等离子气的种类和流量对上述作用有直接影响，从而影响切割质量。一般切割厚度在 100mm 以下的不锈钢、铝等材料时，可以使用纯氮气或适当加些氩气，既经济又能保证切割质量；当使用加氢气的混合气体时，由于氢气的焓值大，热导率高，对电弧的压缩作用更强，气体喷出时速度极高，电弧吹力大，有利于切口熔化金属的去除，所以切割效果更佳，一般用于切割厚度大于 100mm 的板材。

提高等离子气流量，既能提高切割电压又能增强对电弧的压缩作用，有利于提高切割速度和切割质量。但等离子气流量过大，反而使切割能力下降和电弧不稳定。一种割炬使用的等离子气流量大小，在一般情况下不变动，当切割厚度变化较大时才做适当改变。切割厚度小于 100mm 的不锈钢时，等离子气流量一般为 2500 ~ 3500L/h；切割厚度大于 100mm 的不锈钢时，等离子气流量一般为 4000L/h。

（2）提高切割质量的途径　良好的切割质量应该是切口面光洁、切口窄，切口上部呈直角、无熔化圆角，切口下部无毛刺。为满足上述质量要求，应注意下面几点：

1）避免产生双弧。在等离子弧切割过程中，为保证切割质量，必须防止产生双弧。因为一旦产生双弧，一方面使主弧电流减小，即主弧功率减小，导致切割参数不稳，切口质量下降；另一方面喷嘴成为导体而易被烧坏，影响切割过程，同样会降低切口质量，甚至使切割无法进行。所以在进行等离子弧切割时，必须设法防止产生双弧。避免产生双弧的措施与等离子弧焊类似。

2）切口宽度和平直度。等离子弧切割的切口宽度一般为氧气切割时的 1.5~2.0 倍。随板厚增大，切口宽度也要增大。这时往往会形成切口顶部宽度大于底部宽度，即顶部较底部切除较多的金属，而且顶部边缘有时会出现熔化圆角；但只要切割参数选择合适，操作得当，上述现象并不严重。用小电流切割板厚在 25mm 以下的不锈钢或铝材时，可获得平直度很高的切口；8mm 以下板材的切口不需加工，可直接用于焊接。

3）切口毛刺的消除。用等离子弧切割不锈钢时，由于熔化金属的流动性比较差，不易全部从切口处吹掉；又因不锈钢的导热性较差，切口底部金属容易过热，因此切口内没被吹掉的熔化金属容易与切口底部的过热金属熔合在一起，冷却凝固后形成毛刺，由于这种不锈钢毛刺的强度高，韧性又好，因此难以去除，给加工带来很大困难。消除不锈钢切口毛刺可采用增大等离子弧功率，选择合适的等离子气流量，保证钨极与喷嘴同心，选择合适的切割速度等方法。切割铜、铝等导热性好的材料时，一般不易产生毛刺，即使产生毛刺，也容易除掉，对切割质量影响不大。

4）大厚度工件的切割。为保证大厚度工件的切口质量，应采取下列工艺措施：

① 切割前进行预热。为使开始切割处能顺利割穿，在开始切割前要对切割处进行预热，预热时间视被切割材料的性能和厚度而定。厚度为 50mm 的不锈钢材料，预热时间为 2.5~3.5s。厚度为 200mm 的不锈钢材料，则要预热 8~20s。开始切割时，要等工件完全割穿才能移动割炬；收尾时，要等工件完全割开后才能断弧。

② 适当提高切割功率。随切割厚度增大，等离子弧的功率必须相应增大，以保证切透工件。一般采用提高切割电压的方法来提高等离子弧的功率。

③ 适当增大等离子气流量。增大等离子气流量可提高等离子弧的挺度和增大电弧吹力，以保证切透工件。切割大厚度工件时，最好采用氮加氢混合气体作为等离子气，以提高等离子弧的温度和能量密度。

④ 采用电流递增或分级转弧。等离子弧切割时一般采用转移弧。在转弧过程中，由于有大的电流突变，往往会引起转弧中断或烧坏喷嘴，因此切割设备应采用电流递增或分级转弧。为此，可在回路中串联一个限流电阻，以降低转弧时的电流值，转弧后再将其短路。

计 划 单

学习领域	焊接方法与设备		
学习情境2	汽车的焊接	学时	36 学时
任务 2.1	1.5mm 厚汽车排气管等离子弧焊	学时	12 学时
计划方式	小组讨论		
序号	实施步骤		使用资源
制订计划说明			
计划评价	评语：		
班级		第 组	组长签字	
教师签字		日期	

决　策　单

学习领域	焊接方法与设备		
学习情境2	汽车的焊接	学时	36 学时
任务 2.1	1.5mm 厚汽车排气管等离子弧焊	学时	12 学时
方案讨论		组号	

方案决策	组别	步骤 顺序性	步骤 合理性	实施可 操作性	选用工具 合理性	方案综合评价
	1					
	2					
	3					
	4					
	5					
	1					
	2					
	3					
	4					
	5					
	1					
	2					
	3					
	4					
	5					

方案评价	评语：

班级		组长签字		教师签字		月　　日

作 业 单

学习领域	焊接方法与设备		
学习情境2	汽车的焊接	学时	36 学时
任务 2.1	1.5mm 厚汽车排气管等离子弧焊	学时	12 学时
作业方式	小组分析，个人解答，现场批阅，集体评判		
1	1.5mm 厚汽车排气管等离子弧焊焊接方案		

作业评价：

班级		组别		组长签字	
学号		姓名		教师签字	
教师评分		日期			

检 查 单

学习领域	焊接方法与设备		
学习情境2	汽车的焊接	学时	36学时
任务2.1	1.5mm厚汽车排气管等离子弧焊	学时	12学时
序号	检查项目	检查标准	学生自查	教师检查
1	任务书阅读与分析能力，正确理解及描述目标要求	准确理解任务要求		
2	与同组同学协商，确定人员分工	较强的团队协作能力		
3	查阅资料能力，市场调研能力	较强的资料检索能力和市场调研能力		
4	资料的阅读、分析和归纳能力	较强的分析报告撰写能力		
5	编制方案的能力	焊接方案的完整程度		
6	安全生产与环保	符合"5S"要求		
7	方案缺陷的分析诊断能力	缺陷处理得当		
8	焊缝的质量	焊缝的质量要求		
检查评语	评语：			
班级		组别		组长签字	
教师签字			日期	

评 价 单

学习领域	焊接方法与设备				
学习情境2	汽车的焊接		学时	36学时	
任务2.1	1.5mm厚汽车排气管等离子弧焊		学时	12学时	
评价类别	评价项目	子项目	个人评价	组内互评	教师评价
专业能力（75%）	资讯（10%）	搜集信息（5%）			
		引导问题回答（5%）			
	计划（5%）	计划可执行度（5%）			
	实施（10%）	工作步骤执行（3%）			
		质量管理（3%）			
		安全保护（2%）			
		环境保护（2%）			
	检查（10%）	全面性、准确性（5%）			
		异常情况排除（5%）			
	任务结果（40%）	结果质量（40%）			
方法能力（15%）	决策、计划能力（15%）				
社会能力（10%）	团结协作（5%）				
	敬业精神（5%）				
评价评语	评语：				
班级		组别		学号		总评	
教师签字		组长签字		日期		

任务 2.2　1mm 厚汽车车身的点焊

任 务 单

学习领域	焊接方法与设备		
学习情境 2	汽车的焊接	学时	36 学时
任务 2.2	1mm 厚汽车车身的点焊	学时	12 学时
布置任务			
工作目标	收集整理汽车各部件的典型焊接工艺，分析汽车车身的质量要求、使用要求及技术要求，编制焊接工艺方案，完成焊接工作。		
任务描述	收集整理汽车各部件的典型焊接工艺，总结汽车车身的焊接工艺特点和主要焊接过程；分析汽车车身的质量要求、使用要求、技术要求及结构特点，确定实施的焊接方法，选择合理的焊接材料、焊接设备及工具，选择合理的接头形式，确定合理的焊接参数；根据分析结果编写焊接方案；依据方案完成焊接工作。		
任务分析	各小组对任务进行分析、讨论： 1）收集整理汽车各部件的典型焊接工艺。 2）分析汽车车身的质量要求、使用要求、技术要求及结构特点。 3）确定实施的焊接方法，选择合理的焊接材料、焊接设备及工具，选择合理的接头形式，确定合理的焊接参数。 4）编制 1mm 厚汽车车身的点焊焊接方案并焊接。		
学时安排	资讯 1 学时　　计划 2 学时　　决策 1 学时　　实施 6 学时　　检查 1 学时　　评价 1 学时		
提供资料	1）国际焊接工程师培训教程，2013。 2）焊接方法与设备，雷世明，机械工业出版社。 3）电焊工工艺与操作技术，周岐，机械工业出版社。 4）焊接方法与设备，陈淑惠，高等教育出版社。		
对学生的要求	1）能对任务书进行分析，能正确理解和描述目标要求。 2）具有独立思考、善于提问的学习习惯。 3）具有查询资料和市场调研能力，具备严谨求实和开拓创新的学习态度。 4）能执行企业"5S"质量管理体系要求，具有良好的职业意识和社会能力。 5）具备一定的观察理解和判断分析能力。 6）具有团队协作、爱岗敬业的精神。 7）具有一定的创新思维和勇于创新的精神。		

学习领域	焊接方法与设备		
学习情境2	汽车的焊接	学时	36 学时
任务2.2	1mm 厚汽车车身的点焊	学时	12 学时
资讯方式	实物、参考资料		
资讯问题	1）电阻焊的基本原理是什么？ 2）电阻焊产热的影响因素有哪些？ 3）电阻焊的特点是什么？常用的电阻焊有哪几种？ 4）点焊时焊接接头形成分哪几个阶段？ 5）点焊接头设计和结构设计的原则是什么？ 6）点焊方法分哪几种？各有何特点？ 7）如何选择点焊的焊接参数？ 8）不同厚度、不同材料点焊时应注意什么问题？ 9）简述汽车车身的结构特点和质量要求。		
资讯引导	问题1 可参考信息单2.2.1。 问题2 可参考信息单2.2.1。 问题3 可参考信息单2.2.2。 问题4 可参考信息单2.2.3。 问题5 可参考信息单2.2.3。 问题6 可参考信息单2.2.4。 问题7 可参考信息单2.2.5。 问题8 可参考信息单2.2.5。 问题9 可参考汽车工艺文件。		

信　息　单

2.2.1　电阻焊的基本原理及影响产热的因素

1. 电阻焊的基本原理

电阻焊是焊件组合后通过电极施加压力，利用电流通过接头的接触面及邻近区域产生的电阻热进行焊接的方法。电阻焊时，产生电阻热的电阻包括焊件之间的接触电阻、电极与焊件的接触电阻和焊件本身电阻三部分。绝对平整、光滑和洁净无瑕的表面是不存在的，即任何表面都是凹凸不平的。当两个焊件相互压紧时，它们不可能在整个平面相接触，而只是在个别凸出点接触，电流就只能沿这些实际接触点通过，这使得电流流过的截面积减少，从而形成接触电阻。由于接触面总是小于焊件的截面积，并且焊件表面还可能有导电性较差的氧化膜或污物，故接触电阻总是大于焊件本身电阻。电极与焊件的接触较好，故它们之间的接触电阻较小，一般可忽略不计。由此可见，在电阻焊焊接过程中，焊件间接触面上产生的电阻热是电阻焊的主要热源。接触电阻的大小与电极压力、材料性质、焊件表面状况以及温度有关，任何能够增大实际接触面积的因素都会减小接触电阻，如增加电极压力、降低材料硬度、增加焊件温度等。焊件表面存在氧化膜和其他脏物时，会显著增加接触电阻。

2. 影响产热的因素

（1）焊接电流的影响　电流对电阻热的影响比电阻和通电时间两者都大。因此，在电阻焊过程中，必须严格控制焊接电流的大小。焊接时，引起电流波动的主要原因是网路电压波动和交流焊机二次回路阻抗变化。阻抗变化是由二次回路的几何尺寸发生变化或因在二次回路中引入了不同量的磁性金属所致。对于直流焊机，二次回路阻抗的变化对焊接电流无明显影响。此外，电流密度对加热也有显著影响。通过已焊成焊点的分流、增大电极接触面积或凸焊时凸点的尺寸等，都会降低电流密度和电阻热，从而使接头强度显著下降。

（2）通电时间的影响　为保证熔核尺寸和焊点强度，通电时间与焊接电流在一定范围内可以互相补充。为了获得一定强度的焊点，可以选用大电流和短时间，也可以用小电流和长时间进行焊接。选用哪一种规范进行焊接取决于金属材料的性能、焊件厚度和焊机的功率。但对于不同性能和厚度的焊件，所需的焊接电流和通电时间都有一个上下限，超过此限，将无法形成合格的焊接接头。

（3）电阻的影响

1）焊件本身电阻。当焊件厚度和电极一定时，焊件本身电阻取决于它的电阻率。电阻率高的金属导热性差，电阻率低的金属导热性好。不锈钢焊接时产热易而散热难，铝合金焊接时产热难而散热易。因此，前者可采用较小电流进行焊接，后者须用很大的电流焊接。

电阻率不仅取决于金属种类，还与温度有关。随着温度的升高，电阻率增大，并且金属熔化时的电阻率比熔化前高 1~2 倍。

焊接时，随着温度的升高，除电阻率增高使焊件本身电阻增大外，同时由于金属的压溃强度降低，使焊件与焊件、焊件与电极间的接触面积增大，因此引起焊件本身电阻减小。点焊低碳钢时，在上述两种相互矛盾的因素影响下，加热开始时焊件本身电阻逐渐增大，当熔核形成时，又逐渐减小。

2）焊件间接触电阻。焊件间接触电阻是由以下两方面原因形成的：

① 焊件和电极间有高电阻率的氧化膜或污物层，使电流受到较大阻碍。过厚的氧化膜

或污物层甚至使电流不能导通。

② 由于焊件表面的微观不平度，使焊件只能在粗糙表面的局部形成接触点，在接触点形成电流的集中，由于电流的通路减小而增加了接触处的焊件间接触电阻。

电极压力增加或温度升高使金属达到塑性状态时，都会导致焊件间接触面积增加，促使接触电阻减小。因此，当焊件表面较清洁时，接触电阻仅在通电开始时极短时间内存在，随后就会迅速减小以至消失。接触电阻尽管存在时间极短，但在电阻点焊铝合金薄板时，对熔核的形成仍有显著影响。

3）焊件与电极间电阻。与焊件间接触电阻相比，由于铜合金电极的电阻率比一般焊件低，因此焊件与电极间电阻比焊件间接触电阻更小，对熔核的形成影响也更小。

（4）焊件表面状况的影响　焊件表面的氧化膜、油污及其他杂质都能增加接触电阻，过厚的氧化膜甚至使焊接电流不能导通。若接触面中仅局部导通，会使电流密度过大，从而造成飞溅或焊件表面烧损。焊件表面氧化膜不均匀还会影响各焊点加热不一致，从而影响焊点的质量。因此焊前必须仔细清理焊件的表面。

（5）电极压力的影响　电极压力对两电极间总电阻有显著的影响。随着电极压力的增加，总电阻显著降低。此时焊接电流虽略有增加，但不能抵消因总电阻降低而引起的产热减小。因此，焊点强度总是随电极压力增加而降低。在增加电极压力的同时，增大焊接电流或延长通电时间，以弥补电阻减小对产热的影响，可以保证焊点强度不变。采用这种焊接工艺有利于提高焊点强度的稳定性。

（6）电极端面形状及材料的影响　由于电极的端面尺寸决定了电极和焊件的接触面积，从而决定了电流密度的大小；电极材料的电阻率和导热性与产热和散热有密切关系，因此，电极材料和端面形状对熔核的形成有较大的影响。随着电极端部的变形与磨损，电极与焊件的接触面积将增大，使电流密度变小，焊点强度将下降。

3. 焊接循环

点焊和凸焊的焊接循环由四个基本阶段组成：

（1）预压时间　预压时间是指从电极开始下降到焊接电流接通的时间。这一时间是为了确保通电前电极能压紧焊件，使焊件之间紧密接触。

（2）通电加热时间　通电加热时间是指焊接电流通过焊件并产生熔核的时间。

（3）维持时间　维持时间是指焊接电流切断后电极压力继续保持的一段时间。在此期间，熔核冷却结晶。

（4）休止时间　休止时间是指由电极开始提升到电极再次下降，准备在下一个焊点处压紧焊件的时间。休止时间只适用于焊接循环重复进行的场合。

通电焊接必须在电极压力达到规定值后才能进行，否则会因压力过低而引起飞溅。电极提升必须在焊接电流切断之后进行，否则电极间将引起火花，使电极烧损，焊件烧穿。

为了改善接头的性能，有时会将下列各项中的一项或多项加于基本循环：

1）用预热脉冲电流提高金属的塑性，使焊件之间紧密贴合，防止飞溅。凸焊时这样做可以使多个凸点在通电前焊件与电极平衡接触，以保证各点加热的一致性。

2）加大预压力，以消除厚焊件之间的间隙，使焊件能紧密接触。

3）加大锻压力，以使熔核致密，防止产生裂纹和缩孔等缺陷。

4）用回火或缓冷脉冲电流消除合金钢的淬火组织，提高接头的力学性能。

2.2.2 电阻焊的分类、特点及应用

1. 电阻焊的分类

电阻焊的种类很多，可根据所使用的焊接电流种类、接头形式和工艺方法、电源能量种类进行分类，如图 2-10 所示。

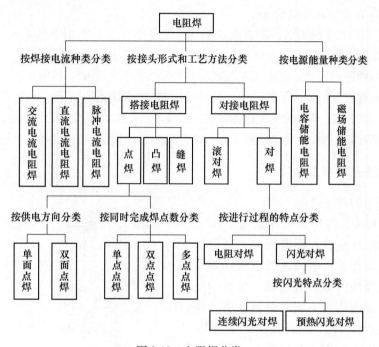

图 2-10　电阻焊分类

2. 电阻焊的特点

（1）优点

1）电阻焊焊接速度快，特别是点焊，1s 可焊接 4~5 个焊点，故生产率高。

2）由于是内部热源，热量集中，加热时间短，焊点在形成过程中始终被塑性环包围，故电阻焊冶金过程简单，热影响区小，变形小，易于获得质量较好的焊接接头。

3）操作简便，易于实现机械化、自动化。

4）改善了劳动条件。电阻焊所产生的烟尘、有害气体少。

5）除消耗电能外，电阻焊不需消耗焊条、焊丝、气体、焊剂等，可节省材料，因此成本较低。

（2）缺点

1）目前尚缺乏简单而又可靠的无损检测方法，只能靠工艺试样和工件的破坏性试验来检查，以及靠各种监控技术来保证。

2）点焊、缝焊的搭接接头不仅增加了构件的重量，而且因为在两板间熔核周围形成尖角，致使接头的抗拉强度和疲劳强度降低。

3）电阻焊机大多工作场所固定，不如焊条电弧焊等灵活、方便。

4）由于焊接在短时间内完成，需要用大电流及高电极压力，因此焊机容量大，设备成

本较高、维修较困难。而且常用的大功率单相交流焊机不利于电网的正常运行。

3. 电阻焊的应用

虽然电阻焊焊件的接头形式受到一定限制，但适用于电阻焊的结构和零件仍然非常广泛。例如，飞机机身、汽车车身、自行车钢圈、锅炉钢管接头、轮船的锚链、洗衣机和电冰箱的壳体等。电阻焊所适用的材料也非常广泛，不但可以焊接碳素钢、低合金钢，而且还可以焊接铝、铜等有色金属及其合金。

电阻焊发明于19世纪末期，随着航空航天、电子、汽车、家用电器等工业部门的发展，电阻焊越来越受到重视。同时，对电阻焊的质量也提出了更高的要求。由于电子技术的发展和大功率半导体器件研制成功，给电阻焊技术提供了坚实的技术基础。目前我国已生产出了性能优良的次级整流焊机，由集成元件和微型计算机制成的控制箱已用于新焊机的配套和老焊机的改造。恒流、动态电阻、热膨胀等先进的闭环控制技术已在电阻焊机中广泛应用，这一切都将有利于提高电阻焊质量。因此，可以预测，电阻焊方法在工业生产中将会获得越来越广泛的应用。

2.2.3 点焊接头的形成及设计

1. 点焊接头的形成过程

点焊原理和接头的形成过程如图2-11所示。焊接时，将焊件放入两电极之间，电极施加压力压紧焊件后，电源通过电极向焊件通电加热，在焊件内部形成熔核。熔核中的液态金属在电磁力作用下发生强烈搅拌，熔核内的金属成分均匀化，结晶界面迅速消失，断电后在电极压力作用下凝固结晶，形成点焊接头。同时，在接头周围形成一个环状尚未达到熔化状态的塑性变形区，称为塑性环。塑性环的存在可防止周围气体侵入和液态熔核金属沿板缝向外喷溅。

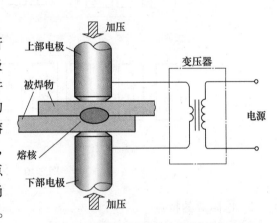

图2-11　点焊原理与接头的形成过程

可见，点焊是在电极压力作用下，通过电阻热来熔化金属，断电后在电极压力作用下结晶而形成焊接接头的。每完成一个接头称为一个点焊循环，普通的点焊循环包括预压、通电加热、锻压和休止四个相互衔接的阶段。

（1）预压阶段　通电前的加压为预压阶段。预压的目的是使焊件间紧密接触，并使接触面上凸点处产生塑性变形，破坏表面的氧化膜，以获得稳定的接触电阻。若预压力不足，可能只有少数凸点接触，将形成较大的接触电阻，产生较大的电阻热，导致接触处的金属很快熔化，并以火花的形式飞溅出来，严重时甚至可能烧坏焊件或电极。当焊件较厚、结构刚度较大或焊件表面质量较差时，为使焊件紧密接触，稳定焊接区电阻，可以加大预压力或在预压力阶段施加辅助电流。此时的预压力通常为正常压力的0.5~1.5倍，而辅助电流则为焊接电流的1/4~1/2。

（2）通电加热阶段　当预压力使焊件紧密接触后，即可通电焊接。当焊接参数正确时，金属总是在电极夹持处的两焊件接触面上开始熔化，并不断扩展而逐步形成熔核。熔核在电极压力作用下结晶，结晶后在两焊件间形成牢固的结合。

通电加热阶段最易发生的问题是熔核金属的飞溅。产生飞溅时，熔化金属溢出，削弱了焊点强度，从而降低了接头的力学性能；同时还会使焊件表面产生凹坑，污染工作环境，所以应力求避免飞溅的产生。

（3）锻压阶段　此阶段也称为冷却结晶阶段。当熔核达到合适的形状与尺寸后，切断焊接电流，熔核在电极压力作用下冷却结晶。熔核结晶是在封闭的金属膜内进行的，结晶时不能自由收缩，用电极挤压就可使正在结晶的金属变得紧密，使之不会产生缩孔和裂纹。因此，电极压力要在焊接电流断开、熔核金属全部结晶后才能停止作用。板厚为 1～8mm 时，锻压时间应为 0.1～2.5s。

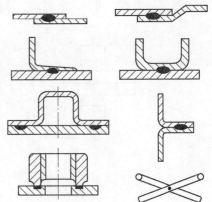

图 2-12　典型的点焊接头形式

2. 点焊接头的设计

点焊通常采用搭接接头和折边接头，如图 2-12 所示。接头可由两个或两个以上等厚或不等厚度的焊件组成。在设计点焊接头时，应遵循如下原则：

1）为限制分流，应有合适的点距，其最小值与焊件厚度、金属的电导率、表面清洁度以及熔核的直径有关。表 2-1 为推荐的焊点的最小点距。

表 2-1　点焊焊点的最小点距

焊件厚度/mm	点距/mm		
	结　构　钢	耐　热　钢	铝　合　金
0.5	10	8	15
1	12	10	18
2	16	14	25
3	20	18	30

2）焊点到焊件边缘的距离（简称边距）不宜过小。边距的最小值取决于被焊金属的种类、焊件厚度和焊接规范。对于屈服强度较高的金属、薄板或用大电流、短时间焊接时可取较小值。

3）应有足够的搭接量，一般搭接量可取边距的两倍。

4）装配间隙必须尽可能小。因为靠压力消除间隙将消耗一部分电极压力，使实际的电极压力降低。同时，电极必须方便地抵达焊接部位，即电极的可达性要好。

点焊接头结构形式的设计应考虑以下因素：

1）焊点不应布置在难以进行形变的位置。

2）伸入焊机回路内的铁磁体焊件或夹具的断面应尽可能小，且在焊接过程中不能剧烈地变化，否则会增加回路阻抗，使焊接电流减小。

3）焊点离焊件边缘的距离不应太小。

4）可采用任意顺序对各焊点进行点焊，这样易于防止变形。

5）尽可能采用具有强烈水冷的通用电极进行点焊。

2.2.4　点焊方法及设备

1. 点焊方法

点焊时，按对焊件供电的方向，可分为单向点焊和双向点焊；按一次形成的焊点数，可分为单点、双点、多点点焊；按加压传动机构，可分为气压式、液压式、电动凸轮式、复合式、脚踏式等；按安装方式，可分为手提式、悬挂式、固定式等。常用点焊方法如图2-13所示。

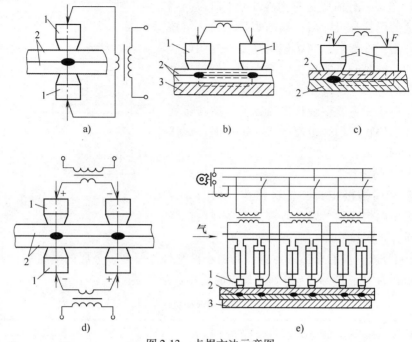

图2-13　点焊方法示意图

a）双面单点焊　b）单面双点焊　c）单面单点焊　d）双面双点焊　e）多点焊

1—电极　2—焊件　3—铜垫板

（1）双面单点焊　如图2-13a所示，两个电极从焊件上、下两面接近焊件进行焊接。这种焊接方法能对焊件施加足够的电极压力，焊接电流集中通过焊接区，因而可减小焊件的受热范围，提高接头质量，应优先选用。

（2）单面双点焊　如图2-13b所示，两个电极位于焊件一侧，同时能形成两个焊点。这种方法能提高生产率，能方便地焊接尺寸大、形状复杂和难以进行双面单点焊的焊件。此外，还有利于保证焊件的一面光滑、平整、无电极压痕。但用此法焊接时，部分电流直接经焊件形成分流。为给焊接电流提供低电阻的通路，通常在焊件下面加铜垫板，使焊接电流能均匀地通过上下两焊件，熔核不产生偏移。

（3）单面单点焊　两个电极位于焊件一侧，不形成焊点的电极采用大直径和大接触面以减小电流密度，仅起导电块的作用，如图2-13c所示。这种方法也主要用于不能采用双面单点焊的结构。

（4）双面双点焊　如图2-13d所示，两台焊接变压器分别对上、下两面的成对电极供电。两台变压器的接线方向，应保证上、下对准电极，在焊接时间内极性相反。这样，上、下变压器的二次电压成顺向串联，形成单一的焊接回路。在一次点焊循环中，同时形成两个焊点。这种方法的特点是分流小，焊接质量比较好，主要用于焊件厚度较大、质量要求较高的构件。

（5）多点焊　这是将焊件压紧后同时焊接多个焊点的方法。最常用的是采用数组单面双点焊组成，如图2-13e所示。在个别情况下，也可用数组双面单点焊或双面双点焊组成。

多点焊的生产率高，在大批量生产中应用广泛。

2. 点焊设备

（1）点焊机 点焊机应能以一定压力压紧焊件，并向焊接区传送电流。它由机座、焊接变压器、加压机构及控制箱等几部分组成，如图 2-14 所示。

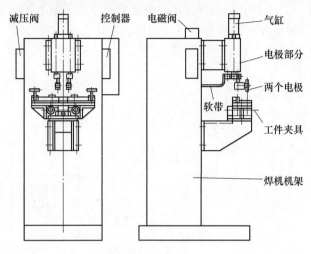

图 2-14 点焊机

点焊机的种类很多，可按下列特征进行分类：

1）按用途分为通用型、专用型和特殊型。

2）按安装方式分为固定式、移动式或轻便式（悬挂式），如图 2-15 所示。

3）按焊接电流波形分为交流型、低频型、电容储能型和直流型。

4）按加压机构传动方式分为脚踏式、电动凸轮式、气压式、液压式和复合式。

5）按活动电极移动方式分为垂直行程式、圆弧行程式。

6）按焊点数目分为单点式、双点式和多点式。

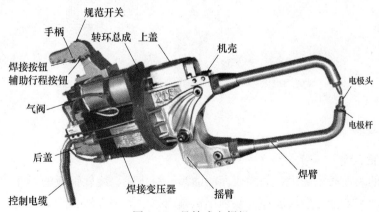

图 2-15 悬挂式电焊机

（2）电极

1）电极材料。电极的作用是对焊件施加压力并向焊接区传输电流，因此电极材料应满足如下要求：

① 高温下的强度和硬度高，具有良好的抗变形和抗磨损能力。

② 高温下与焊件形成合金的倾向小，物理性能稳定，不易黏附。

③ 高的电导率和热导率，以延长电极的使用寿命，改善焊件表面受热状况。

④ 材料成本低，加工方便，变形或磨损后便于更换。

选择电极材料时，上述要求不必都满足。电极材料主要为铜和铜合金、钨、铂等。

2）电极结构。点焊电极由四部分组成：端部、主体、尾部和冷却水孔。标准电极（即直电极）有五种形式，如图 2-16 所示。

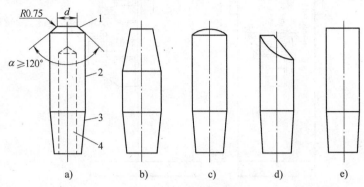

图 2-16　标准电极形状

a）锥形电极　b）夹头电极　c）球形电极　d）偏心电极　e）平面电极

1—端部　2—主体　3—尾部　4—冷却水孔

为了满足特殊形状焊件点焊的要求，有时需要设计特殊形状的电极，如图 2-17 所示。

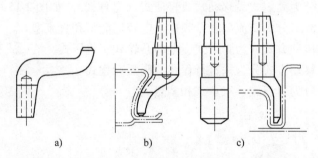

图 2-17　特殊形状的电极

a）普通弯电极　b）刻有水槽的电极　c）增大横断面的电极

2.2.5　点焊工艺

1. 焊前表面清理

点焊焊件的表面必须清理，去除表面的油污、氧化膜。冷轧钢板的焊件，表面无锈，只需去油；对铝及铝合金等金属表面，必须用机械或化学清理方法去除氧化膜，并且必须在清理后规定的时间内进行焊接。

2. 点焊焊接参数

（1）焊接电流　焊接电流是决定产热大小的关键因素，将直接影响熔核直径与焊透率，必然影响到焊点的强度。电流太小，则能量过小，无法形成熔核或熔核过小。电流太大，则能量过大，容易引起飞溅。

（2）焊接通电时间　焊接通电时间对产热与散热均产生一定的影响，在焊接通电时间内，焊接区产出的热量除部分散失外，将逐步积累，用来加热焊接区，使熔核扩大到所要求的尺寸。若焊接通电时间太短，则难以形成熔核或熔核过小。要想获得所要求的熔核，应使焊接通电时间有一个合适的范围，并与焊接电流相配合。焊接时间一般以周波计算，一周波为 0.02s。

（3）电极压力　电极压力大小将影响到焊接区的加热程度和塑性变形程度。随着电极压力的增大，接触电阻减小，使电流密度降低，从而减慢加热速度，导致焊点熔核直径减小。若在增大电极压力的同时，适当延长焊接通电时间或增大焊接电流，可使焊点熔核直径增加，从而提高焊点的强度。

（4）电极工作端面的形状和尺寸　根据焊件结构形式、焊件厚度及表面质量要求等的不同，应使用不同形状的电极。

3. 焊点尺寸

焊点尺寸包括熔核直径、熔深和压痕深度，如图 2-18 所示。

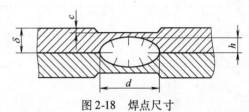

图 2-18　焊点尺寸

d—熔核直径　δ—焊件厚度　h—熔深　c—压痕深度

熔核直径与电极端面直径和焊件厚度有关，熔核直径与电极端面直径的关系为

$$d = (0.9 \sim 1.4)d_{电极} \tag{2-1}$$

同时应满足以下关系

$$d = 2\delta + 3 \tag{2-2}$$

压痕深度是指焊件表面至压痕底部的距离，应满足以下关系

$$c = (0.1 \sim 0.15)\delta \tag{2-3}$$

式中，δ 为焊件厚度。

4. 熔核偏移及其防止

（1）熔核偏移　熔核偏移是不等厚度、不同材料点焊时，熔核不对称于交界面而向厚板或导电性、导热性差的一边偏移的现象。其结果造成导电性、导热性好的焊件焊透率小，焊点强度降低。熔焊偏移是由两焊件产热和散热条件不相同引起的。厚度不等时，厚件一边电阻大、交界面离电极远，故产热多而散热少，致使熔核偏向厚件。材料不同时，导电性、导热性差的材料产热易而散热难，故熔核也偏向这种材料。

（2）防止熔核偏移的方法　防止熔核偏移的原则是增加薄板或导电性、导热性好的焊件的产热；加强厚板或导电性、导热差的焊件的散热。常用的方法有以下几种：

1）采用工艺垫片。在薄件或导电性、导热好的焊件一侧，垫一块由导电性、导热性差的金属支撑的垫片（厚度为 0.2 ~ 0.3mm），以减少这一侧的散热。

2）采用不同的电极材料。在薄件或导电性好的材料一面选用导热性差的铜合金，以减少这一侧的热损失。

3）采用不同接触表面直径的电极。在薄件或导热性、导电性好的焊件一侧，采用较小直径的电极，以增加该面的电流密度，同时减小电极的散热影响。

4）采用强规范。强规范（电流大、通电时间短）加大了焊件间接触电阻产热的影响，降低了电极散热的影响，有利于克服熔核偏移。

计 划 单

学习领域	焊接方法与设备		
学习情境 2	汽车的焊接	学时	36 学时
任务 2.2	1mm 厚汽车车身的点焊	学时	12 学时
计划方式	小组讨论		
序号	实施步骤		使用资源
制订计划说明			
计划评价	评语：		
班级		第　　　组	组长签字	
教师签字			日期	

决　策　单

学习领域	焊接方法与设备		
学习情境 2	汽车的焊接	学时	36 学时
任务 2.2	1mm 厚汽车车身的点焊	学时	12 学时
方案讨论		组号	

方案决策	组别	步骤 顺序性	步骤 合理性	实施可 操作性	选用工具 合理性	方案综合评价
	1					
	2					
	3					
	4					
	5					
	1					
	2					
	3					
	4					
	5					
	1					
	2					
	3					
	4					
	5					

方案评价	评语：

班级		组长签字		教师签字		月　日

作 业 单

学习领域	焊接方法与设备		
学习情境2	汽车的焊接	学时	36 学时
任务 2.2	1mm 厚汽车车身的点焊	学时	12 学时
作业方式	小组分析，个人解答，现场批阅，集体评判		
1	1mm 厚汽车车身的点焊方案		

作业评价：

班级		组别		组长签字	
学号		姓名		教师签字	
教师评分		日期			

检 查 单

学习领域	焊接方法与设备		
学习情境2	汽车的焊接	学时	36 学时
任务2.2	1mm 厚汽车车身的点焊	学时	12 学时
序号	检查项目	检查标准	学生自查	教师检查

序号	检查项目	检查标准	学生自查	教师检查
1	任务书阅读与分析能力，正确理解及描述目标要求	准确理解任务要求		
2	与同组同学协商，确定人员分工	较强的团队协作能力		
3	查阅资料能力，市场调研能力	较强的资料检索能力和市场调研能力		
4	资料的阅读、分析和归纳能力	较强的分析报告撰写能力		
5	编制方案的能力	焊接方案的完整程度		
6	安全生产与环保	符合 "5S" 要求		
7	方案缺陷的分析诊断能力	缺陷处理得当		
8	焊缝的质量	焊缝的质量要求		
检查评语	评语：			

班级		组别		组长签字	
教师签字				日期	

评 价 单

学习领域	焊接方法与设备				
学习情境2	汽车的焊接		学时		36学时
任务2.2	1mm厚汽车车身的点焊		学时		12学时
评价类别	评价项目	子项目	个人评价	组内互评	教师评价
专业能力（75%）	资讯（10%）	搜集信息（5%）			
		引导问题回答（5%）			
	计划（5%）	计划可执行度（5%）			
	实施（10%）	工作步骤执行（3%）			
		质量管理（3%）			
		安全保护（2%）			
		环境保护（2%）			
	检查（10%）	全面性、准确性（5%）			
		异常情况排除（5%）			
	任务结果（40%）	结果质量（40%）			
方法能力（15%）	决策、计划能力（15%）				
社会能力（10%）	团结协作（5%）				
	敬业精神（5%）				
评价评语	评语：				

班级		组别		学号		总评	
教师签字		组长签字		日期			

任务 2.3 0.7mm 厚汽车外侧门板钎焊

任 务 单

学习领域	焊接方法与设备		
学习情境 2	汽车的焊接	学时	36 学时
任务 2.3	0.7mm 厚汽车外侧门板钎焊	学时	12 学时
布置任务			
工作目标	收集整理汽车各部件的典型焊接工艺，分析汽车外侧门板的质量要求、使用要求及技术要求，编制焊接工艺方案，完成焊接工作。		
任务描述	收集整理汽车各部件的典型焊接工艺，总结汽车外侧门板的焊接工艺特点和主要焊接过程；分析汽车外侧门板的质量要求、使用要求、技术要求及结构特点，确定实施的焊接方法，选择合理的焊接材料、焊接设备及工具，选择合理的接头形式，确定合理的焊接参数；根据分析结果编写焊接方案；依据方案完成焊接工作。		
任务分析	各小组对任务进行分析、讨论： 1）收集整理汽车各部件的典型焊接工艺。 2）分析汽车外侧门板的质量要求、使用要求、技术要求及结构特点。 3）确定实施的焊接方法，选择合理的焊接材料、焊接设备及工具，选择合理的接头形式，确定合理的焊接参数。 4）编制 0.7mm 厚汽车外侧门板钎焊焊接方案并焊接。		
学时安排	资讯 1 学时　计划 2 学时　决策 1 学时　实施 6 学时　检查 1 学时　评价 1 学时		
提供资料	1）国际焊接工程师培训教程，2013。 2）焊接方法与设备，雷世明，机械工业出版社。 3）电焊工工艺与操作技术，周岐，机械工业出版社。 4）焊接方法与设备，陈淑惠，高等教育出版社。		
对学生的要求	1）能对任务书进行分析，能正确理解和描述目标要求。 2）具有独立思考、善于提问的学习习惯。 3）具有查询资料和市场调研能力，具备严谨求实和开拓创新的学习态度。 4）能执行企业"5S"质量管理体系要求，具有良好的职业意识和社会能力。 5）具备一定的观察理解和判断分析能力。 6）具有团队协作、爱岗敬业的精神。 7）具有一定的创新思维和勇于创新的精神。		

资 讯 单

学习领域	焊接方法与设备		
学习情境 2	汽车的焊接	学时	36 学时
任务 2.3	0.7mm 厚汽车外侧门板钎焊	学时	12 学时
资讯方式	实物、参考资料		
资讯问题	1）什么是钎料的润湿作用和毛细作用？ 2）影响钎料润湿作用的因素有哪些？ 3）钎焊有哪些分类方法？ 4）钎焊与熔焊方法相比有何特点？ 5）对钎料的基本要求有哪些？ 6）钎料如何分类？常用软钎料和硬钎料的性能特点是什么？ 7）钎剂如何分类？硬钎剂的组成和用途有哪些？ 8）如何选择钎焊温度和保温时间？ 9）简述汽车外侧门板的质量要求、技术要求和结构特点。		
资讯引导	问题 1 可参考信息单 2.3.1。 问题 2 可参考信息单 2.3.1。 问题 3 可参考信息单 2.3.2。 问题 4 可参考信息单 2.3.2。 问题 5 可参考信息单 2.3.3。 问题 6 可参考信息单 2.3.3。 问题 7 可参考信息单 2.3.3。 问题 8 可参考信息单 2.3.4。 问题 9 可参考汽车工艺文件。		

2.3.1　钎焊的基本原理

钎焊是采用比母材熔点低的金属材料作钎料，将焊件和钎料加热到高于钎料熔点，低于母材熔化温度，利用液态钎料润湿母材，填充接头间隙并与母材相互扩散实现连接焊件的方法。要获得牢固的钎接接头，首先必须使熔化的钎料能很好地流入并填满接头间隙，其次钎料与焊件金属相互作用形成金属结合。

1. 液态钎料的填隙原理

要使熔化的钎料能很好地流入并填满接头间隙，就必须具备润湿作用和毛细作用两个条件。

（1）润湿作用　钎焊时，液态钎料对焊件浸润和附着的作用称为润湿作用。液态钎料对焊件的润湿作用越强，焊件金属对液态钎料的吸附力就越大，液态钎料也就越容易在焊件上铺展，液态钎料就容易顺利地填满缝隙。一般来说，钎料与焊件金属能相互形成固溶体或者化合物时润湿作用较好。必须注意的是，当钎料和焊件表面存在氧化膜时，润湿作用较差，因此焊前必须做好清理工作。

衡量钎料对母材润湿能力的大小，可用钎料（液相）与母材（固相）相接触时的接触夹角的大小来表示，液固两相切线的夹角 θ 即为润湿角（接触角）。如果液滴（钎料）在固体（母材）上处于稳定状态，当 $0° < \theta < 90°$ 时，钎料能润湿母材；当 $90° < \theta < 180°$ 时，可以认为钎料不能润湿母材；当 $\theta = 0°$ 时，表示钎料完全润湿母材；当 $\theta = 180°$ 时，钎料完全不能润湿母材。钎焊时，钎料的润湿角应小于 $20°$。

（2）毛细作用　通常钎焊间隙很小，如同毛细管。钎焊时，钎料依靠毛细作用在钎焊间隙内流动。熔化钎料在接头间隙中的毛细作用越强，熔化钎料的填缝作用也就越好。一般来说，熔化钎料对固态焊件润湿作用好的，毛细作用也强。间隙大小对毛细作用影响也较大，间隙越小，毛细作用越强，填缝也充分。但是间隙过小，钎焊时焊件金属受热膨胀，反而使填缝困难。

（3）影响钎料润湿作用的因素

1）钎剂的影响。钎焊时使用钎剂可以清除钎料和母材表面的氧化物，改善润湿作用。钎剂往往又可以减小液态钎料的表面张力。因此，选用适当的钎剂提高钎料对母材的润湿作用是非常重要的。

2）钎料和母材成分的影响。一般情况下，当液态钎料和母材在液态和固态下均不发生物理化学作用时，则它们之间的润湿作用很差，如果液态钎料与母材相互溶解或形成化合物，则液态钎料就能较好地润湿母材。为了改善它们之间的润湿作用，可在钎料中加入能与母材形成固溶体或化合物的第三物质来改善其润湿作用。

3）钎焊温度的影响。随着加热温度的升高，有助于提高钎料的润湿能力。但是，钎焊温度太高时，钎料的润湿作用太好，往往发生钎料流散现象，还可能造成钎料对母材的溶蚀加重和母材晶粒粗大等现象，所以必须合理地选择钎焊温度。

4）母材表面氧化物的影响。母材表面氧化物的存在，妨碍了钎料的原子与母材直接接触，使液态钎料团聚成球状，形成不润湿现象，所以钎焊时必须充分清除母材表面的氧化物，以保证良好的润湿作用。

5）母材表面状态的影响。母材表面的粗糙程度对钎料的润湿能力有不同程度的影响。钎料与母材作用较弱时，它在粗糙表面上的铺展比在光滑表面上的铺展要好，因为粗糙表面上的纵横交错的细槽对液态钎料起了特殊的毛细作用，促进了液态钎料沿母材表面的铺展。但对于与母材作用比较强烈的钎料，由于这些细槽被液态钎料迅速溶解而失去作用，这种现象就不明显。

2. 钎料与焊件金属的相互作用

液态钎料在填缝过程中，还会与焊件金属发生相互的物理化学作用。一是固态焊件溶解于液态钎料，二是液态钎料向焊件扩散，这两个作用对钎焊接头的性能影响很大。当溶解与扩散的结果使它们形成固溶体时，则接头的强度与塑性都较高。如果溶解与扩散的结果使它们形成化合物时，则接头的塑性就会降低。

2.3.2 钎焊的分类及特点

1. 钎焊的分类

随着钎焊技术的发展，钎焊的种类越来越多。按钎焊温度的高低，钎焊通常分为低温钎焊（450℃以下）、中温钎焊（450～950℃）及高温钎焊（950℃以上）。有时把450℃以下的钎焊称为软钎焊，450℃以上的钎焊称为硬钎焊。按反应特点，钎焊又可分为毛细钎焊、大间隙钎焊及反应钎焊等。按加热方法不同，钎焊还可分为烙铁钎焊、火焰钎焊、炉中钎焊、电阻钎焊、感应钎焊及浸渍钎焊等。

钎焊的分类见表2-2。

表2-2　钎焊的分类

焊接方法	分类方式	钎焊方法	钎焊方法
钎焊	按加热温度分类	低温钎焊（450℃以下）	软钎焊
		中温钎焊（450～950℃）	硬钎焊
		高温钎焊（950℃以上）	
	按加热方法分类	火焰钎焊	氧乙炔焰钎焊
			喷灯焰钎焊
		浸渍钎焊	熔融钎料中浸渍钎焊
			熔融盐槽中浸渍钎焊
			热油中浸渍钎焊
		感应钎焊	高频感应加热钎焊
			中频感应加热钎焊
		炉中钎焊	真空炉中钎焊
			空气炉中钎焊
			保护气氛炉中钎焊
		烙铁钎焊、超声波钎焊、电弧钎焊、刮擦钎焊、石英灯加热钎焊、红外线加热钎焊、陶瓷模钎焊、真空电子束加热钎焊、激光加热钎焊、光束加热钎焊	
	按钎焊特点分类	毛细钎焊、大间隙钎焊、反应钎焊、扩散钎焊	

2. 钎焊的特点

1）钎焊时加热温度低于焊件金属的熔点，所以钎焊时钎料熔化，焊件不熔化，焊件金属的组织和性能变化较少；钎焊后，焊件的应力与变形较少，可以用于焊接尺寸精度要求较高的焊件。

2）钎焊不仅可以焊接同种金属，也适宜焊接异种金属，甚至可以焊接金属与非金属，因此应用范围很广。

3）钎焊可以一次焊接几条、几十条甚至更多的钎缝，所以生产率高；还可以焊接其他方法无法焊接的结构形状复杂的焊件。

4）钎焊接头平整光滑，外形美观。

5）钎焊接头的强度和耐热能力较基体金属低。

6）装配要求比熔焊高，以搭接接头为主，使结构重量增加。

2.3.3 钎焊材料

1. 钎料

（1）对钎料的基本要求

1）钎料应具有良好的润湿性，能充分填满钎焊间隙。

2）钎料应具有合适的熔点，钎料的熔点至少应比焊件的熔点低几十摄氏度。

3）钎料应具有稳定和均匀的成分，尽量减少钎焊过程中的偏析现象和易挥发元素的损耗，从而使接头性能稳定。

4）钎料与焊件金属应能充分发生溶解、扩散作用，保证它们之间形成牢固的结合。

5）考虑钎料的经济性，尽量不用或少用稀有金属和贵金属。

6）所获得的钎焊接头应能满足产品的技术要求，如力学性能、物理化学性能等。

（2）钎料的分类　按钎料的熔点不同，钎料可以分为软钎料（熔点低于450℃）和硬钎料（熔点高于450℃）两大类。按组成钎料的主要元素，把钎料分成各种金属基的钎料。软钎料包括锡基、铅基、铋基、铟基、锌基、镉基等，其中锡铅钎料是应用最广的一类软钎料。硬钎料包括铝基、银基、铜基、镁基、锰基、镍基、金基、钯基、钼基、钛基等，其中银基钎料是应用最广的一类硬钎料。

（3）钎料的型号及牌号　ISO 3677—1992 对钎料的型号作了规定。钎料型号由两部分组成，两部分间用隔线"-"分开；型号中第一部分用一个大写英文字母表示钎料的类型，"S"表示软钎料，"B"表示硬钎料；钎料型号中的第二部分由主要合金组分的化学元素符号组成。

钎料的牌号是原机械电子工业部的编号方法：以 HL 表示钎料，第一位数字表示钎料化学成分组成类型，第二、三位数字表示同一类型钎料的不同编号。

（4）软钎料

1）锡铅钎料。软钎料中应用最广泛的是锡铅钎料。当锡铅合金中 $w(Sn) = 61.9\%$ 时，形成熔点为183℃的共晶。纯锡加铅后强度提高，在共晶成分附近时强度和硬度最高，但电导率则随含铅量增加而降低。锡铅钎料对铜等多种金属均具有良好的润湿性和铺展性。尤其是共晶成分的钎料，在适当温度下其铺展面积明显增大，加之其表面张力最小，流动性最好，力学性能也十分优异，因此成为电子工业中应用最广泛的钎料。

2）镉基钎料。镉基钎料是软钎料中耐热性最好的一种，并具有较好的抗腐蚀性能。镉基钎料主要是镉银合金。根据镉银合金相图，$w(Ag) > 5\%$ 时，合金的液相线温度迅速上升，同时结晶温度间隔变得很宽，所以镉银钎料的含银量不宜过多。用镉基钎料钎焊铜时，钎焊温度不能高，加热时间不宜过长，以免在钎缝界面上生成脆性铜镉化合物，降低接头性能。

（5）硬钎料

1）银基钎料。银基钎料是应用最广的一类硬钎料。由于熔点不很高，能润湿多种金属，并且具有良好的强度、塑性、导热性、导电性和抗腐蚀性，因此广泛应用于钎焊低碳钢、低合金钢、不锈钢、铜及铜合金、可伐合金（铁镍钴合金）及难熔金属等。

2）铝基钎料。铝基钎料主要以铝硅共晶和铝铜共晶为基础，加入一些其他元素组成。铝基钎料主要用于钎焊铝及铝合金；用于钎焊其他金属时，由于钎料表面的氧化物不易去除，并且铝易与其他金属形成脆性的金属间化合物，影响接头质量，因而不宜采用。

3）铜基钎料。铜基钎料分为铜钎料、铜锌钎料和铜磷钎料。

① 铜钎料。铜钎料多用于在还原性气氛、惰性气氛和真空条件下钎焊碳钢、低合金钢。由于铜对钢的润湿性和填缝能力都很好，以它做钎料时要求接头间隙很小，所以应注意加工和装配上的要求。

② 铜锌钎料。主要用于气体火焰钎焊、高频钎焊、盐浴钎焊等钎焊方法，可钎焊铜及铜合金、镍、钢、铸铁和硬质合金。铜锌钎料种类很多，以 B-Cu62Zn 钎料应用最广。它具有优良的强度和塑性，可用于钎焊需要接头受力大、塑性好的铜、镍、钢等焊件。

③ 铜磷钎料。铜磷钎料具有良好的铺展性，工艺性能好、价格低，主要用于钎焊铜及铜合金，钎焊铜时可不用钎剂。钎焊接头具有良好的抗腐蚀性和导电性。可用于电阻钎焊、气体火焰钎焊、高频钎焊等，在电机制造和制冷设备等方面得到广泛的应用。

4）镍基钎料。镍基钎料具有优良的抗腐蚀性和耐热性，用它钎焊的接头可以承受高达1000℃的工作温度。镍基钎料常用于钎焊不锈钢、镍基合金、钴基合金、碳钢和低合金钢。

2. 钎剂

钎剂是钎焊时使用的熔剂。它的作用是清除钎料和母材表面的氧化物，并保护焊件和液态钎料在钎焊过程中免于氧化，改善液态钎料对焊件的润湿性。

（1）钎剂分类　从不同角度出发，可将钎剂分为多种类型。如按使用温度不同，可分为软钎剂和硬钎剂；按用途不同，可分为普通钎剂和专用钎剂。此外，考虑到作用状态的特征不同，还可分出一类气体钎剂。钎剂的分类如图 2-19 所示。

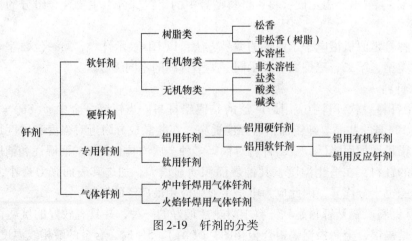

图 2-19　钎剂的分类

1）软钎剂。在450℃以下钎焊用的钎剂称为软钎剂，软钎剂可分为无机软钎剂和有机软钎剂。

①无机软钎剂。这类钎剂主要由无机盐或（和）无机酸组成，其特点是化学活性强，热稳定性好，能有效去除焊件表面的氧化物，促进液态钎料对钎焊金属的润湿，能较好地保证钎焊质量。可用于包括不锈钢、耐热钢和镍合金在内的黑色金属和有色金属的钎焊。但其残渣对钎焊接头有强烈的腐蚀作用，故又称为腐蚀性软钎剂，钎焊后残渣必须清除干净。

②有机软钎剂。这类钎剂主要包括水溶性有机软钎剂和松香（天然树脂）类有机软钎剂两种。与无机软钎剂相比，其特点是化学活性较弱，热稳定性尚好，对焊件几乎没有腐蚀作用，故又称为非腐蚀性软钎剂。在电子工业中广泛用于钎焊铜及铜合金、金、银、镉，其中活性松香钎剂还可用于钎焊镍、钢及不锈钢等。

2）硬钎剂。在450℃以上钎焊用的钎剂称为硬钎剂。常用的硬钎剂主要是以硼砂、硼酸及它们的混合物为基体，以某些碱金属或碱土金属的氟化物、氟硼酸盐等为添加剂的高熔点钎剂。

3）专用钎剂。专用钎剂是为那些氧化膜难以去除的金属材料钎焊而设计的，如铝用钎剂、铁用钎剂等。

4）气体钎剂。气体钎剂是炉中钎焊和火焰钎焊过程中起钎剂作用的气体，常用的气体是三氟化硼、硼酸甲酯蒸气等。它的最大优点是焊前不需预涂钎剂，焊后无钎剂残渣，不需清理。

（2）钎剂牌号　钎剂牌号的编制方法：QJ表示钎剂；QJ后的第一位数字表示钎剂的用途类型，如"1"为铜基和银基钎料用钎剂，"2"为铝及铝合金钎料用钎剂；QJ后的第二、第三位数字表示同一类钎剂的不同牌号。

2.3.4　钎焊工艺

1. 钎焊的接头形式

钎焊时钎缝的强度比母材低，若采用对接接头，则接头的强度比母材差，采用T形接头、角接接头的情况相类似。所以，钎焊大多采用增加搭接面积来提高承载能力的搭接接头或局部搭接化的对接接头，一般搭接长度为板厚的3~4倍，但不超过15mm。常用钎焊接头形式如图2-20所示。

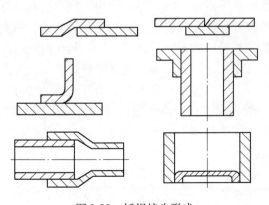

图2-20　钎焊接头形式

接头的装配间隙的大小与钎料和母材有无合金化、钎焊温度、钎焊时间、钎料的放置等有直接关系。一般说来，钎料与母材相互作用较弱，则间隙小；作用强，则间隙大。应该指出，这里所要求的间隙是指在钎焊温度下的间隙，与室温时的不一定相同。质量相同的同种金属的接头，在钎焊温度下的间隙与室温时差别不大；但质量相差悬殊的同种金属，以及异种金属的接头，由于加热膨胀量不同，在钎焊温度下的间隙就与室温时不同。在这种情况下，设计时必须考虑保证在钎焊温度下的接头间隙，间隙大小可通过试验确定。

2. 焊前准备

焊接前应使用机械方法或化学方法除去焊件表面的氧化膜。为防止液态钎料随意流动，常在焊件非焊表面涂阻流剂。

(1) 清除油脂　清除焊件表面油脂的方法包括有机溶剂脱脂、碱液脱脂、电解液脱脂和超声波脱脂等。焊件经过脱脂后，应再用清水洗净，然后予以干燥。

常用的有机溶剂有乙醇、丙酮、汽油、四氯化碳、三氯乙烯、二氯乙烷和三氯乙烷等。小批量生产时可用有机溶剂脱脂，大批量生产时应用最广的是在有机溶剂的蒸气中脱脂。此外，在热的碱溶液中清洗也可得到满意的效果。对于形状复杂而数量很大的小零件，也可在专门的槽中用超声波脱脂，超声波脱脂效率较高。

(2) 清除氧化物　清除氧化物可采用机械方法、化学方法、电化学方法和超声波方法进行。机械方法清理时可采用锉刀、钢刷、砂纸、砂轮、喷砂等方式。其中锉刀和砂纸清理用于单件生产，清理时形成的沟槽还有利于钎料的润湿和铺展。批量生产时可用砂轮、钢刷、喷砂等方法。铝及铝合金、钛合金不宜用机械清理法。化学清理是以酸和碱能够溶解某些氧化物为基础的。常用的有硫酸、硝酸、盐酸、氢氟酸及它们混合物的水溶液和氢氧化钠水溶液等。此法生产效率高、去除效果较好，适于批量生产，但要防止表面的过浸蚀。对于大批量生产及必须快速去除氧化膜的场合，可采用电化学法。

(3) 母材表面镀覆金属　在母材表面镀覆金属，其主要目的是：①防止母材与钎料相互作用从而对接头产生不良影响；②改善一些材料的钎焊性，增加钎料对母材的润湿能力；③作为钎料层，以简化装配过程和提高生产率。

(4) 涂覆阻流剂　在焊件的非焊表面上涂覆阻流剂的目的是限制液态钎料的随意流动，防止钎料的流失和形成无益的连接，阻流剂广泛用于真空或气体保护的钎焊。

3. 钎料的放置

钎料的放置方式主要取决于钎焊方法、焊件结构、生产类型及钎料的形态等。钎料既可在钎焊过程中送给，也可在钎焊前预先放置。预先放置的方式有明置和暗置两种。明置方式是将钎料放置在钎缝间隙的外缘，因而简便易行，但钎料易向间隙外的零件表面流失，填缝路径较长，易受外界干扰而错位，不利于保证稳定的钎焊质量。暗置方式是将钎料安放在间隙内特制的钎料槽中，因而需要在焊件上预先加工出钎料槽，这不仅增加了工作量，而且降低了焊件的承载能力。一般来说，对于薄件或简单的钎焊面积不大的接头，宜采用明置方式；对于钎焊面积大或结构复杂的接头，宜采用暗置方式，并将钎料槽开在较厚的焊件上。

4. 钎焊焊接参数的确定

钎焊操作过程是指从加热开始，到某一温度并停留，最后冷却形成接头的整个过程。在这个过程中，所涉及的最主要的焊接参数就是钎焊温度和保温时间，它们直接影响钎料填缝和钎料与母材的相互作用，从而决定了接头质量的好坏。此外，加热速度和冷却速度也是较重要的焊接参数，对接头质量也有不可忽视的影响。

（1）钎焊温度 钎焊温度是钎焊过程最主要的焊接参数之一，在钎焊温度下，除了钎料熔化、填缝和与母材相互作用形成接头外，对于某些钎焊方法（如炉中钎焊等）还可完成钎焊后的热处理工序（如固溶处理等），以提高钎焊接头的质量。

确定钎焊温度的主要依据是所选用钎料的熔点，一般应高于钎料液相线温度 $25 \sim 60℃$，以保证钎料能填满间隙。但也有例外，如对于某些结晶温度间隔宽的钎料，由于在液相线温度以下已有相当量的液相存在，具有一定的流动性，这时钎焊温度可等于或稍低于钎料液相线的温度。

此外，对于某些钎焊方法（如炉中钎焊等），确定钎焊温度时还应考虑材料热处理工艺的要求，以使钎焊和热处理工序能在同一加热冷却循环中完成，这不但节约工时，还可避免焊后热处理可能引起的不良后果。

（2）保温时间 保温时间视焊件大小、钎料与母材相互作用的强弱程度而定。大件保温时间应长些，以保证均匀加热。钎料与母材作用强的，保温时间要短。一般来说，一定的保温时间是使钎料与母材相互扩散、形成牢固接头所必需的，但过长的保温时间将导致溶蚀等缺陷的发生。

（3）加热速度和冷却速度 加热速度对钎焊接头质量也有一定的影响。加热速度过快会使焊件温度分布不均匀而产生应力和变形，加热速度过慢又会促进诸如母材晶粒的长大、钎料中低沸点组元的蒸发以及钎剂分解等有害过程的发生。因此，在确保均匀加热的前提下，应尽量缩短加热时间，即提高加热速度。具体确定加热速度时，应考虑焊件尺寸、母材和钎料的特性等因素。

焊件冷却虽是在钎焊保温结束后进行的，但冷却速度对接头的质量也有影响。冷却速度过慢，可能引起母材晶粒的长大，强化相析出或残余奥氏体出现；加快冷却速度，有利于细化钎缝组织并减小枝晶偏析，从而提高接头的强度；但冷却速度过快，可能使焊件因形成过大内应力而产生裂纹，也可能因钎缝迅速凝固使气体来不及逸出而形成气孔。因此，确定冷却速度时，也必须考虑焊件尺寸、母材和钎料的特性等因素。

5. 焊后清理

钎剂残渣大多数对钎焊接头起腐蚀作用，同时也妨碍对钎缝的检查，所以焊后必须及时清除，一般应在钎焊后 8h 内进行。

对于含松香的不溶于水的钎剂，可用异丙醇、酒精、汽油及三氯乙烯等溶剂清除；对于有机酸和盐类组成的溶于水的钎剂，可将焊件放在热水中冲洗。

对于硼砂、硼酸组成的硬钎剂，钎焊后成玻璃状，很难溶于水，一般用机械方法清除。生产中常将焊件投入热水中，借助焊件及钎缝与残渣的膨胀系数差来去除残渣。另外也可采用在 $70 \sim 90℃$ 的 $2\% \sim 3\%$ （质量分数）的重铬酸钾溶液中进行较长时间的浸洗来去除。

6. 钎焊注意事项

1）钎焊过程中接触的化学溶液较多，应严格遵守使用和保管有关化学溶液的规定。

2）钎焊过程中要防止锌、锡等蒸气及氟化氢的毒害，应在通风流畅的条件下操作，操作时要戴防护口罩。

3）钎焊工作区域空间高度低于 5m 时或在妨碍对流通风的场合进行钎焊时，必须安装通风装置，以防有毒物质的积聚。

7. 钎焊常见缺陷及防止

（1）钎缝的不致密性缺陷　钎缝的不致密性缺陷是指钎缝中的气孔、夹渣、未钎透和部分间隙未填满等缺陷。这些缺陷会降低焊件的气密性、水密性、导电性和强度。缺陷产生原因主要是：接头间隙不合适，焊前清理不干净，选用的钎料和钎剂成分或数量不当，钎焊加热不均匀等。

防止钎缝的不致密性缺陷的主要措施有：

1）适当增大钎缝间隙。可增强液态钎料的填缝能力，有利于钎料均匀填缝，减少夹气、夹渣缺陷。

2）采用不等间隙（不平行间隙）。采用不等间隙钎焊，致密性比平行间隙的好。原因是钎料在不等间隙中能自行控制流动路线和调整填缝前沿；夹气夹渣具有定向运动的能力，可以自动地由大间隙向外排除。不等间隙接头的夹角以 3°～6° 为宜。

（2）母材的自裂及钎焊接头的裂纹　钎焊时，除钎缝金属产生裂纹外，许多高强度材料，如不锈钢、镍基合金、铜钨合金等容易产生自裂。产生裂纹及母材自裂的主要原因是焊件刚度大，钎焊过程又产生了较大的拉应力，当应力超过材料的强度极限时，就会在钎缝中产生裂纹或在母材上产生自裂。为防止母材自裂和接头裂纹，可采取如下措施：

1）在满足钎焊接头性能的前提下尽量选用低熔点的钎料，由于钎焊温度较低，产生的热应力较小。

2）减小接头的刚度，使接头加热和冷却时能自由膨胀和收缩。

3）采用退火材料代替淬火材料。

4）降低加热速度，尽量减少产生热应力的可能性，或采用均匀加热的钎焊方法，这不仅可以减小热应力，而且冷作硬化造成的内应力也可以在加热过程中消除。

5）有冷作硬化的焊件预先进行退火。

6）用气体火焰将装配好的焊件加热到足够高的温度以消除内应力，然后将焊件冷却到钎焊温度进行钎焊。

（3）外观缺陷　外观缺陷主要有母材溶蚀和钎缝表面成形不好。溶蚀是母材被钎料过度溶解所造成的。钎缝表面成形不好主要是指钎料流失，钎缝表面不光滑或没形成圆角。正确选择钎焊材料和钎焊焊接参数是避免产生外观缺陷特别是避免产生溶蚀的重要措施。钎焊温度越高，母材元素溶解到液相钎料中的数量越多；保温时间过长，将为母材与钎料相互作用创造更多的机会，也容易产生溶蚀。此外，钎料成分对溶蚀也有很大影响，除正确选择钎料外，钎料用量也应严格控制。

学习领域	焊接方法与设备		
学习情境 2	汽车的焊接	学时	36 学时
任务 2.3	0.7mm 厚汽车外侧门板钎焊	学时	12 学时
计划方式	小组讨论		
序号	实施步骤	使用资源	
制订计划 说明			
计划评价	评语:		
班级		第 组	组长签字	
教师签字		日期	

决　策　单

学习领域	焊接方法与设备		
学习情境2	汽车的焊接	学时	36 学时
任务 2.3	0.7mm 厚汽车外侧门板钎焊	学时	12 学时
方案讨论		组号	

方案决策	组别	步骤顺序性	步骤合理性	实施可操作性	选用工具合理性	方案综合评价
	1					
	2					
	3					
	4					
	5					
	1					
	2					
	3					
	4					
	5					
	1					
	2					
	3					
	4					
	5					

方案评价	评语：

班级		组长签字		教师签字		月　日

作 业 单

学习领域	焊接方法与设备		
学习情境 2	汽车的焊接	学时	36 学时
任务 2.3	0.7mm 厚汽车外侧门板钎焊	学时	12 学时
作业方式	小组分析，个人解答，现场批阅，集体评判		
1	0.7mm 厚汽车外侧门板钎焊焊接方案		

作业评价：

班级		组别		组长签字	
学号		姓名		教师签字	
教师评分		日期			

检 查 单

学习领域	焊接方法与设备			
学习情境2	汽车的焊接		学时	36学时
任务2.3	0.7mm厚汽车外侧门板钎焊		学时	12学时
序号	检查项目	检查标准	学生自查	教师检查
1	任务书阅读与分析能力，正确理解及描述目标要求	准确理解任务要求		
2	与同组同学协商，确定人员分工	较强的团队协作能力		
3	查阅资料能力，市场调研能力	较强的资料检索能力和市场调研能力		
4	资料的阅读、分析和归纳能力	较强的分析报告撰写能力		
5	编制方案的能力	焊接方案的完整程度		
6	安全生产与环保	符合"5S"要求		
7	方案缺陷的分析诊断能力	缺陷处理得当		
8	焊缝的质量	焊缝的质量要求		
检查评语	评语：			
班级		组别	组长签字	
教师签字			日期	

评 价 单

学习领域	焊接方法与设备		
学习情境 2	汽车的焊接	学时	36 学时
任务 2.3	0.7mm 厚汽车外侧门板钎焊	学时	12 学时

评价类别	评价项目	子项目	个人评价	组内互评	教师评价
专业能力 （75%）	资讯（10%）	搜集信息（5%）			
		引导问题回答（5%）			
	计划（5%）	计划可执行度（5%）			
	实施（10%）	工作步骤执行（3%）			
		质量管理（3%）			
		安全保护（2%）			
		环境保护（2%）			
	检查（10%）	全面性、准确性（5%）			
		异常情况排除（5%）			
	任务结果（40%）	结果质量（40%）			
方法能力 （15%）	决策、计划能力 （15%）				
社会能力 （10%）	团结协作（5%）				
	敬业精神（5%）				
评价 评语	评语：				

班级		组别		学号		总评	
教师签字		组长签字		日期			

参 考 文 献

[1] 赵熹华. 焊接方法与机电一体化 [M]. 北京：机械工业出版社，2001.

[2] 方洪渊. 简明钎焊工手册 [M]. 北京：机械工业出版社，2001.

[3] 张士相. 焊工：基础知识 [M]. 北京：中国劳动社会保障出版社，2002.

[4] 陈祝年. 焊接工程师手册 [M]. 北京：机械工业出版社，2002.

[5] 殷树言. 气体保护焊工艺 [M]. 哈尔滨：哈尔滨工业大学出版社，2004.

[6] 王长忠. 高级焊工技能训练 [M]. 北京：中国劳动社会保障出版社，2006.

[7] 劳动和社会保障部教材办公室. 焊工工艺与技能训练 [M]. 北京：中国劳动社会保障出版社，2006.

[8] 雷世明. 焊接方法与设备 [M]. 北京：机械工业出版社，2007.

[9] 中国机械工程学会焊接学会. 焊接手册：第一卷　焊接方法及设备 [M]. 3版. 北京：机械工业出版社，2008.

[10] 邱葭菲. 焊接方法与设备 [M]. 北京：化学工业出版社，2009.

[11] 周岐. 电焊工工艺与操作技术 [M]. 北京：机械工业出版社，2009.

[12] 陈淑惠. 焊接方法与设备 [M]. 北京：高等教育出版社，2009.